能源知识绘

——传统能源——

中国电机工程学会　浙江省电力学会　组编

中国电力出版社
CHINA ELECTRIC POWER PRESS

图书在版编目(CIP)数据

能源知识绘. 传统能源 / 中国电机工程学会, 浙江省电力学会组编. - 北京：中国电力出版社, 2019.9（2022.9 重印）

ISBN 978-7-5198-3647-4

Ⅰ. ①能… Ⅱ. ①中… ②浙… Ⅲ. ①能源 - 普及读物 Ⅳ. ①TK01-49

中国版本图书馆CIP数据核字(2019)第183913号

策　　划　肖　兰　汪　敏
编　　著　肖　兰　汪　敏　刘大伟　严　浩　郭　亮　陈书贵
手　　绘　徐　力　张　晗　侯景书　林丹文　王梦瑶　汪　敏
图片监制　刘大伟
装帧设计　赵丽娟
排版制作　翟可君

出版发行　中国电力出版社
地　　址　北京市东城区北京站西街19 号（邮政编码100005）
网　　址　http://www.cepp.sgcc.com.cn
责任编辑　曹　荣
责任校对　黄　蓓　朱丽芳
装帧设计　北京锐新智慧文化传媒有限责任公司
责任印制　钱兴根

印　　刷　北京雅昌艺术印刷有限公司
版　　次　2019 年9月第一版
印　　次　2022 年9月北京第二次印刷
开　　本　889 毫米 × 1194 毫米　16 开本
印　　张　3.75
字　　数　100 千字
定　　价　45.00 元

给你一把钥匙

在大自然中，能量随处可见：炽热的太阳发出光能、热能，河流的落差带来动能、势能，涌动的洋流蕴藏海流能、潮汐能……能量让地球生机勃勃，不断孕育繁衍新生命。

人类社会发展到今天，能源的话题比以往任何时候都更加引人关注，究其根本是人类自我生存的自然环境受到了前所未有的挑战。如何高效清洁地开发利用能源，以满足人类不断发展的需要；如何在环境日趋恶化的现实面前找到可循环再生利用的绿色能源，这些都是人类面临的严峻课题。

迄今为止，人类依然离不开煤、石油、天然气这些便利、有效的化石能源，也在不断探索可再生的风能、水能、太阳能、地热能、生物质能……无论可再生能源还是不可再生能源，都可以转换成经济、实用、清洁且容易控制和转换的电能。

电能给人类带来光明，给社会带来动力。有了电能，声音可以高低转换，画面可以被分享至千里之外，飞架南北、横贯东西的电网可以将电能源源不断地输送到各个角落，让电动机车疾驰，让城市霓虹闪烁……如果说蒸汽机被视为引爆工业革命的火花，那么电能就是推进现代人类社会文明发展的强大引擎。

《能源知识绘》丛书共有6个分册，分别为《万家灯火》《大显身手》《电从哪里来》《传统能源》《可再生一族》和《各尽所能》。本书为《传统能源》分册，共包括5个知识单元，首先介绍了传统化石能源家族里的煤炭、石油和天然气的分布、勘探、开采、运输、发电和储存等专业知识，以及石化工业及其衍生产品；然后阐明了水能在水力资源和水力发电中的关键作用；最后引出人类的应对及思考——减少使用化石能源，减少对环境的负面影响。

今天的人类离不开能源，未来人类对能源的利用将不断发展。知识没有空间和时间的边界，好奇是求知的本能和动力。启发和陪伴读者领悟科学的真谛、感受技术发展的魅力是编写本书的初衷。亲爱的读者，如果你想探索能源的奥秘，打开未知世界的知识宝库，《能源知识绘》便是这样一把钥匙。

《能源知识绘》编委会

目录

给你一把钥匙

黑色的金子 / 02

从千家万户取暖的火炉到工业厂矿的动力锅炉，人类对煤的开发利用广泛而持久，把煤称为“黑色的金子”毫不夸张。

工业的血液 / 14

19世纪以来，石油这种以气态、液态和固态烃类化合物，以及少量杂质组成的复杂混合物开始对全球经济产生重大影响。20世纪70年代，石油超过煤，跃居全球一次能源消费首位。

可燃之气 / 24

天然气和石油因几乎完全相同的特性成为一对共生共存的“孪生兄弟”。在勘探和开采的时候，这两种天然资源相伴相依、同时存在。

自然之水 / 34

飘在空中的云、落在地上的雨、奔腾不息的河、波光潋滟的湖、超过地球表面面积70%的海洋……都是水的各种形态。水在自然界中不断经历着液态、固态、气态的循环变化。

危机和应对 / 46

人类不得不思考未来所面临的挑战：煤、石油和天然气还能开采多久？使用化石燃料导致的环境问题究竟应该怎样解决？

名词解释 / 54

内容索引 / 56

黑色的金子

煤是一种黑色或者棕黑色的可燃矿石，也是传统能源大家庭中的最古老的一位成员。沿着历史的轨迹一路追溯，不难发现，从早年铁路上行驶的蒸汽机车到供应城镇电力的火力发电厂，从全球千家万户取暖的火炉到工业厂矿的动力锅炉，人类对煤炭的开发利用广泛而持久，把煤称为“黑色的金子”毫不夸张。

煤不仅是重要的燃料，还是一种化工原料，无论是化学药剂还是工程塑料，甚至于生产香料或肥皂的原材料里，都有煤的贡献。当前，中国的一次能源消费以煤为主。

科学家们发现，煤既是生产动力和提供热量的最大来源，也是无控制技术下排放二氧化碳等温室气体的最大祸首，逐步减少煤使用是保护环境的重要举措，但煤在相当长的时间内仍将是最重要的能源资源。

煤的形成

在距今3.55亿年至2.95亿年的时期，地球就像现在的热带雨林一样，温暖而湿润，成片的沼泽地里生长着巨大的史前植物、体形硕大的昆虫以及两栖动物。雨林生生死死，自生自灭，堆积沉淀出大规模的植物残骸，经过漫长的生物化学、地球化学和物理的作用，残骸最终变成了煤。这段时间延续了6500万年，科学家把它叫做“石炭纪”。

■煤层分布示意图

■石炭纪时期的雨林

煤的分层

绝大部分煤从地下开采而来，它们隐藏在岩石的顶板和底板之间，从地表到地下深处均匀分布。从地质结构剖面来看，一层又一层的煤就像是一个巨大深厚的“巧克力慕斯蛋糕”，科学家将它们命名为“含煤岩系”。含煤岩系有内陆型和近海型两种，内陆型分布在内陆盆地、山间盆地及山前盆地，近海型分布在滨海平原、潟湖、海湾以及浅海区域。

■ 裸露在外的煤层

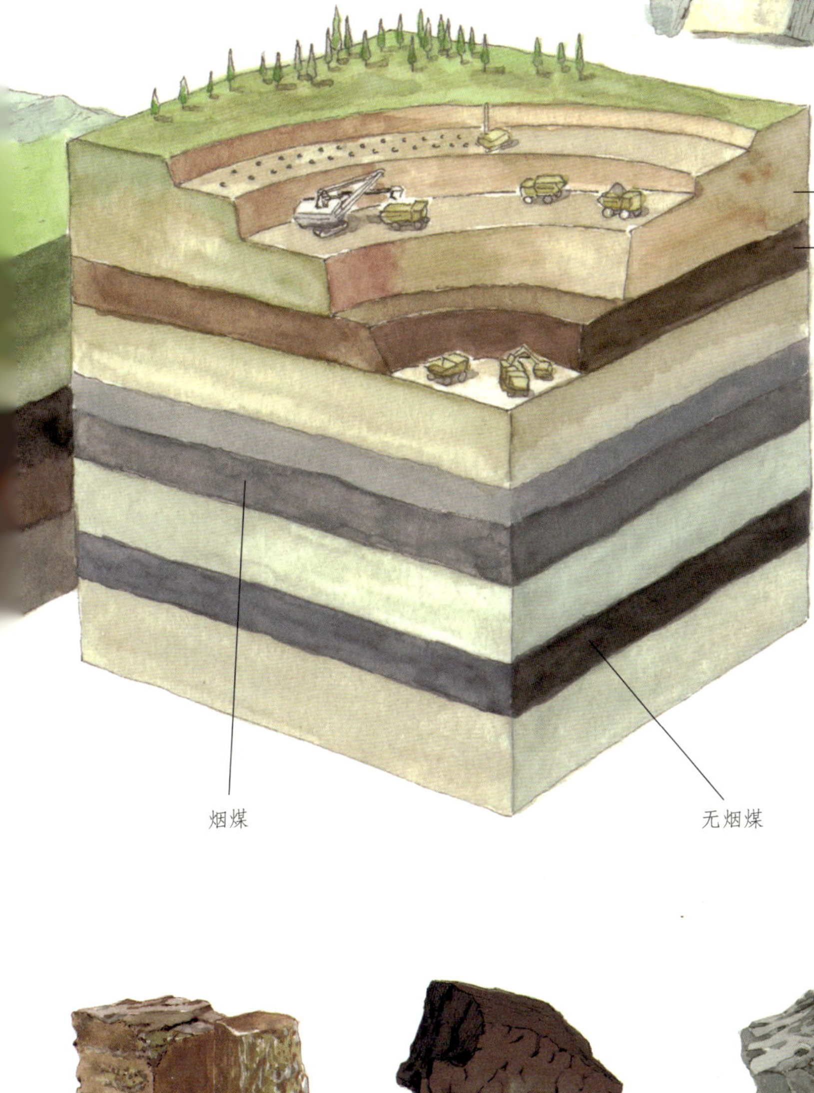

煤的种类

随着煤层由表及里越深入，煤的颜色越黑，硬度也越硬。按照煤化程度来划分，煤的种类正好和煤层分布的维度一致：最上层是泥炭，下一层是褐煤，再下层是烟煤，最下层是无烟煤，这种分类的顺序和史前植物向煤转变过程一致：植物先转化成泥炭，泥炭转化成褐煤，褐煤转化成烟煤，烟煤最终转化成无烟煤。无烟煤的碳含量最高，热值最高的煤炭主要是炼焦煤。

■ 煤的种类

煤矿

从18世纪工业革命开始，贯穿整个欧洲和北美洲，煤炭作为主要动力资源，驱动蒸汽火车和蒸汽轮船。人类采煤进入了一个大规模的商业时代，开采煤炭资源的区域就是煤矿。当煤层接近地球表面时，开采场所就是露天煤矿；当煤层远离地表而深入地下，采剥比偏大而不经济，就采用地下煤矿。整个19世纪地球上很多国家都在进行煤炭开采，1950年以前，工业化国家的工业燃料和运输能源主要依赖于地下的煤炭。

■ 1920年美国肯塔基州煤矿工手持风钻采煤

■ 19世纪美国宾夕法尼亚煤矿

■ 露天开采

露天开采

露天开采就是先把煤矿上方的表土层或者覆盖物移走，再把所需要的煤挖出来，这几乎是人类最早的采煤方式。采煤包括凿孔、爆破、采装、运输等作业流程，先在还没有开发的表土带中埋设炸药进行爆破，然后使用挖掘机和卡车移除表土，让煤层暴露出来，再将煤块炸碎或者钻碎，最后用卡车将煤炭运往选煤厂。那些移出来的表土会被重新填入开采过的矿坑中。

■现代煤矿使用的大型掘煤机

采煤工具

一百多年前，采煤是个充满危险的行业，直到1880年使用挖煤机械前，镐头和铁锹一直是矿工的主要采煤工具。1912年蒸汽挖掘机开始用来采煤，20世纪40年代后期，风镐得到广泛使用，后来以风钻和凿岩机为主的爆破落煤技术成为采煤的主要方式。现代煤矿除了凿岩机，还有链板输送机、气动凿岩机、电动装载机、带式输送机、自动卸载矿车，包括大功率电动绞车、水泵、扇风机等各种采掘设备。

■大型地下矿井通道

地下开采

地下开采和露天开采恰好相反，大部分作业都在地下进行的，主要的采煤方式有长壁式采煤和短壁式采煤两种。第一种方式工作面较长，两端是运输、通风和矿工用巷道。矿工顺着巷道用采煤机械将煤层上的煤块切割下来，煤的运输方向与工作面的煤壁方向平行，工作面向前推进时，必须不断铺设支护支撑矿顶。第二种方式煤壁是方形柱，开采路径是离开巷道的反方向，煤的运输方向垂直于工作面。

选煤

直接从矿井里开采出来的煤炭叫毛煤，其中夹杂了许多杂质。剔除杂质，除去尘土和矿石后叫原煤。降低灰分和硫分含量后，把原煤提质成优质煤炭叫选煤。选煤是煤炭加工中一个不可缺少的环节。通过选煤可以提高煤炭的利用效率，降低煤炭运输成本，还能达到环保的目的。选煤主要包括破碎、筛分和洗选，经过洗选后的煤叫精煤。

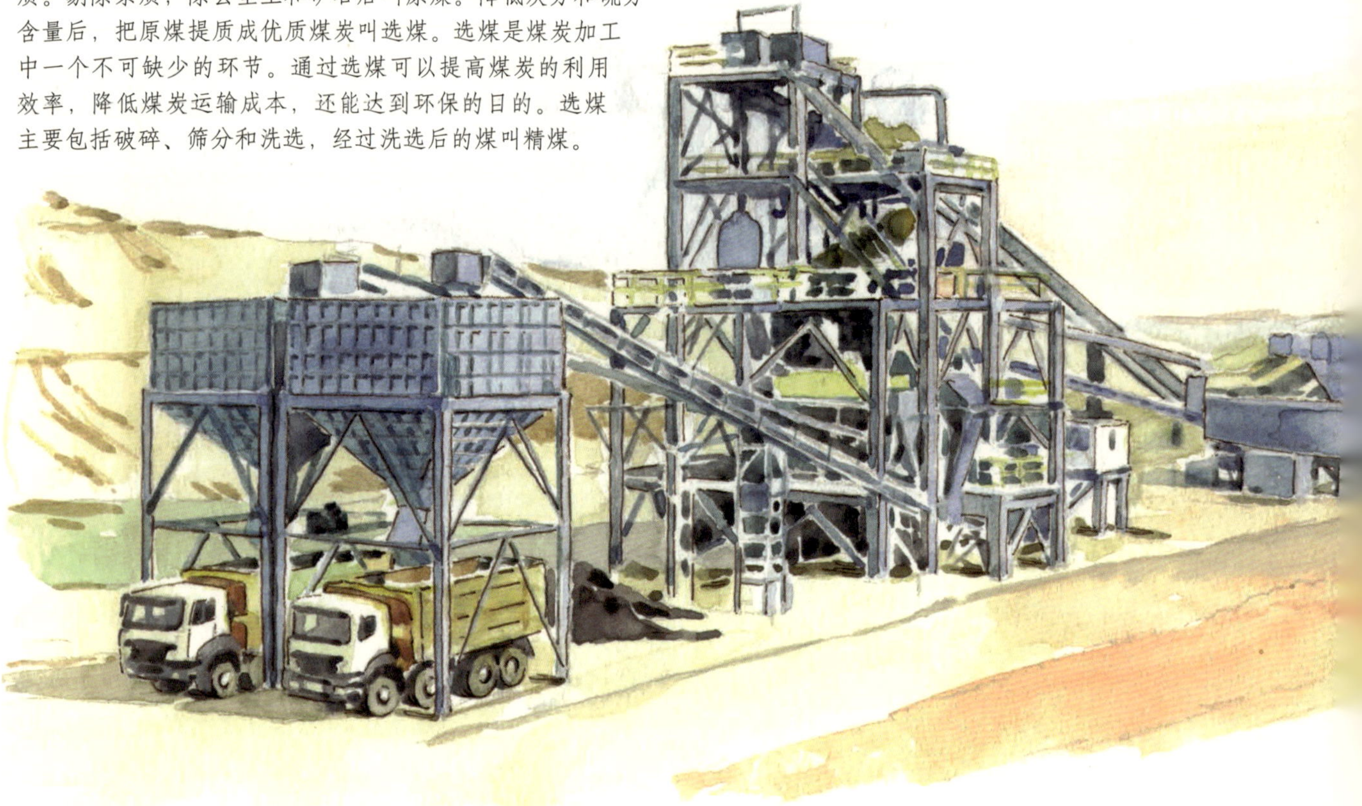

■ 洗煤厂

管道输煤

管道输煤是一种煤炭运输方式，它先把固体煤炭加水制成浆体，通过管道远距离输送，最后再进行脱水处理。整个系统由制浆厂、管道与泵站、终端脱水厂三部分组成。1971年美国莫哈夫电厂建造了一条长达439千米的输煤管道，每年将500万吨亚利桑那州开采的煤炭输送到内华达州的发电厂发电。至2019年6月仍然在建的神渭输煤管道工程自中国陕西省神木市至渭南市，全长727千米，是亚洲第一个长输煤管道工程。

■ 2005年美国莫哈夫电厂输煤管道

铁路运煤

煤炭几乎是运输行业里最占体积和重量的货物之一。煤炭运输主要有铁路、水路和公路等几种途径，其中最主要的是铁路。在中国，铁路煤炭运量占煤运总量的60%以上，而煤炭运输量又占铁路货运总量的40%左右。中国首条重载线路兼煤运通道干线铁路——大秦铁路于1992年运营；1999年建成的朔黄铁路是中国“西煤东运”第二大通道，年运煤量在3亿吨左右。

■ 铁路车厢装运煤炭

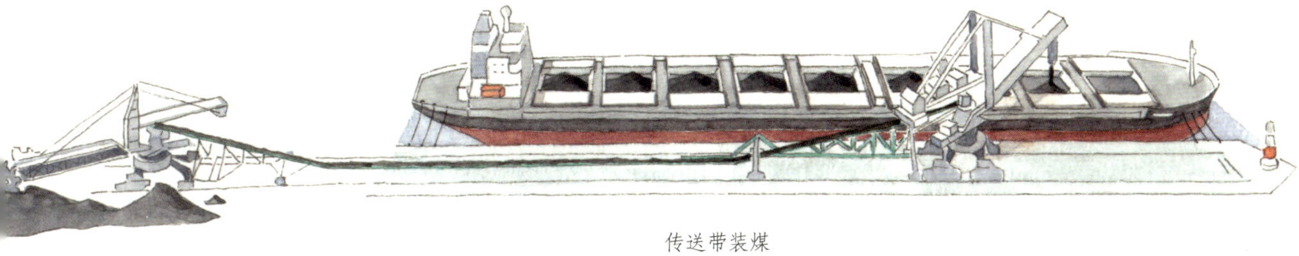

传送带装煤

货船运煤

由于火力发电厂需要用大量冷却水，因此许多火力发电厂就建在江边或者海边，这样运煤的货船就可以直接停泊在发电厂附近的码头。煤炭的海上运输也是连接煤炭生产基地和用煤工业中心的一条重要且经济通道。运煤船舱口一般比较宽大，便于用抓斗和吊车装卸煤炭，有的运煤船在煤舱舱底设有传送带运输机，可与岸上的运输机接通，便于自行装卸煤炭。

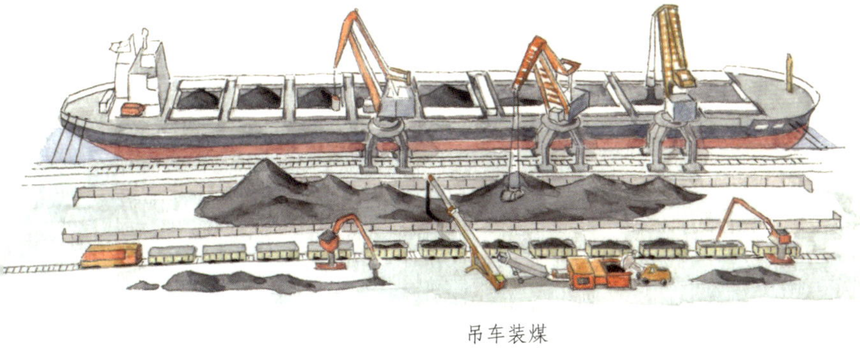

吊车装煤

■ 码头装运煤炭

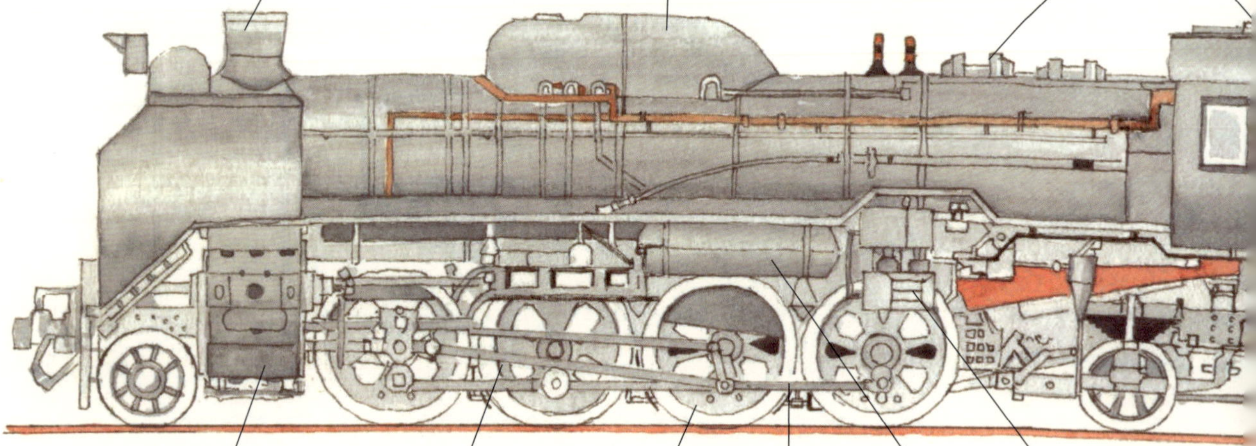

■ 蒸汽机车头及部件示意图

蒸汽机车的燃料

1814年，英国发明家乔治·斯蒂芬森（George Stephenson）发明了世界上第一台蒸汽机车。这台蒸汽机车由锅炉、蒸汽回路、行走机构、机车车架和煤水车等组成。炉膛内的煤炭通过燃烧把锅炉中的水加热汽化，形成400摄氏度以上的过热蒸汽。蒸汽进入汽缸，推动活塞往复运动。活塞通过连杆、摇杆，将直线运动变为圆周运动，带动车轮旋转，牵引列车前行。1825年，乔治·斯蒂芬森的机车在第一条商用铁路试车成功，昭示着“铁路时代”的到来。

■ 老式蜂窝煤炉

■ 现代家用取暖煤炉

民用煤炉

很长时间以来，在家庭煮饭、烧水、取暖等方面，煤炉一直承担着重要的角色。早期的煤炉通常是立柱形的，由砖砌成，通过烟囱将煤烟排到室外。也有圆柱形或葫芦形的铁制煤炉，由炉底和炉体两部分组成，炉体用来装煤炭，前有风门，后有烟道连接烟囱。煤炉的形状多种多样，它所使用的煤制品也不尽相同。蜂窝煤炉是20世纪50年代以来在东亚国家普通家庭中使用最广泛的一种煤炉。

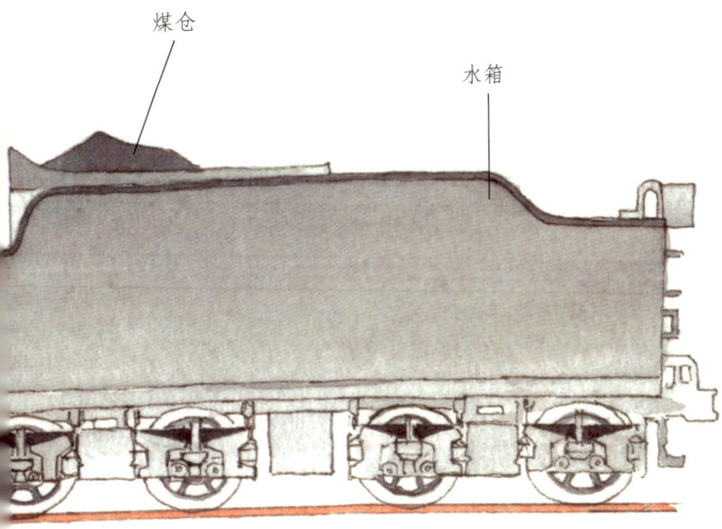

工业燃煤

除了民用燃煤，为工业提供热能和动力是煤炭更为广泛的用途。今天许多工业产品的生产比如陶瓷、玻璃、钢铁、橡胶、水泥、塑料以及各种化学制品的制造中，都需要消耗大量的热量，煤炭是提供这些热量的主要燃料。我国每年消耗约35亿吨商品煤，有60%以上用于发电和热电厂供热，其他工业锅炉和窑炉以及民用约占20%，约15%为炼焦精煤，用于炼制钢铁工业的主要生产原料——焦炭；现代煤化工煤占比约5%。

■ 工业用煤的大户——水泥厂

燃煤锅炉

煤炭通常可以在火炉、烤炉、锅炉、窑炉和熔炉里燃烧，但工业上完成供热功能的主要是燃煤锅炉，也叫工业锅炉。煤炭经过燃烧释放热量，使得水体或者导热油等载体温度上升、压力增大最终达到能量转换的目的。从用途上来划分，燃煤锅炉分为供应开水的开水锅炉、采暖和洗浴的热水锅炉、用于发电的蒸汽锅炉、供蒸煮和干燥用的导热油锅炉和把鼓风加热到要求温度的热风炉等。从外形上可划分卧式和立式锅炉。

冶炼焦炭

煤炭除了直接用于燃烧产生热能外，还能加工成焦炭、化肥、汽油、柴油、煤油和焦油等煤炭工业的衍生产品。烟煤在1000摄氏度以上的高温条件下，经过干燥、热解、熔融、黏结、固化、收缩等阶段的冶炼最终制成一种固体燃料，叫焦炭，这个炼制过程叫高温炼焦或高温干馏。焦炭主要用于冶金、铸造和化工等行业。现代高炉炼铁的原料有铁矿石、石灰石和焦炭，焦炭在高炉中燃烧生成二氧化碳，再还原成一氧化碳，最终和铁矿石反应，还原出液态铁。

■ 早期造纸厂中的燃煤锅炉

■ 高炉冶炼

煤焦油

煤炭在炼制成焦炭后，会剩下一种黑色或黑褐色的黏稠状液体，气味非常刺激，这就是煤焦油。煤焦油易于燃烧，有腐蚀作用，对人体有害，可是它的用途却很广泛，是许多化工产品的原材料。经过进一步的精加工，煤焦油可以生产出柴油、汽油、合成纤维、合成橡胶、合成树脂（塑料）、染料、医药、香料、糖精、肥皂、卫生球、杀虫剂、印刷油墨、沥青和筑路柏油等产品。

■ 铺路的沥青

■ 化肥

化肥的原料

煤炭不仅是燃料，也是生产化肥的主要原料之一。肥料可改善土壤性质、提高土壤肥力。各种动植物残体或代谢物如人畜粪便、秸秆，以及堆肥、绿肥、饼肥和沼气肥等都是有机肥料，采用化学（或者物理）方法制造出来的肥料是化学肥料，也叫化肥。尿素等氮肥以及相当一部分合成氨的原料是来自煤。

■火力发电厂的磨煤机

动力煤

燃煤发电又叫火力发电，凡用于火力发电、机车推进等产生动力而使用的煤，都叫动力煤，动力煤主要有褐煤、长焰煤、不黏弱黏煤、贫煤、气煤和无烟煤等。为了提高燃煤效率，大型火电厂会使用磨煤机将混煤制成煤粉送入锅炉燃烧，形成的热烟气沿锅炉烟道流动，最后进入除尘器分离出煤灰，洁净的烟气在引风机的作用下由烟囱排到大气中。

火力发电

通过燃烧，发电厂将煤炭中蕴藏的化学能释放出来并最终转化成电能，这就是火力发电的原理。今天全球近50%的煤炭用于火力发电。在中国，火力（燃煤）发电是主要的发电方式。位于呼和浩特市南约70千米的内蒙古托克托电厂总装机容量已经达到了672万千瓦，成为亚洲乃至世界在役最大火力发电厂。

■内蒙古大唐托克托发电厂

■通过化学加工而成的煤制油

煤制油

煤制油技术以煤作为原料，使用直接或者间接液化两种不同的化学加工方法来生产油品，英文缩写CTL（Coal-to-liquids）。直接液化是将煤炭在高温高压条件下，经过催化加氢液化合成液态烃类燃料。间接液化是先把煤炭气化，得到一氧化碳和氢气的原料气，再使用费托合成工艺转化为烃类液体。对于煤炭资源丰富而石油资源短缺的国家来说，煤制油可以作为能源战略的一个发展方向。

绿色引擎

在鄂尔多斯直接液化煤制油的示范生产线上，可以看到加工成细如面粉的煤粉，在20多个小时后生产出类似矿泉水一样的柴油、化工轻油等油制品。这条生产线每消耗2.3吨洗选后原料煤炭可生产1吨油品，液化工艺特殊，需要加氢3次，其加氢反应器高近38米，单台重2100多吨。这一中国首家百万吨级的煤炭直接液化制油示范工程像“绿色引擎”加速引领煤炭清洁高效利用的技术开发，为保障国家能源安全提供技术支撑作用。

■煤制油生产线上的加氢反应器

工业的血液

东汉史学家班固在《汉书》中记载了陕西延河支流河水“可燃”的现象。北宋科学家沈括在《梦溪笔谈》里，把史书出现过的“石漆、石脂水、火油、猛火油”统一命名为“石油”。人们没有料想到，19世纪以来，石油这种以气态、液态和固态烃类化合物，以及少量杂质组成的复杂混合物开始对全球经济产生重大影响。20世纪70年代，石油超过煤炭，跃居全球一次能源消费首位，世界进入“石油时代”。

石油是“工业的血液”，由石油提炼的汽油、柴油和煤油为汽车、轮船、坦克、飞机、锅炉、火车和推土机等交通运输工具和动力机械提供燃料油，也是机械、轻工、化工、橡胶、建工等行业不可或缺的重要原料。

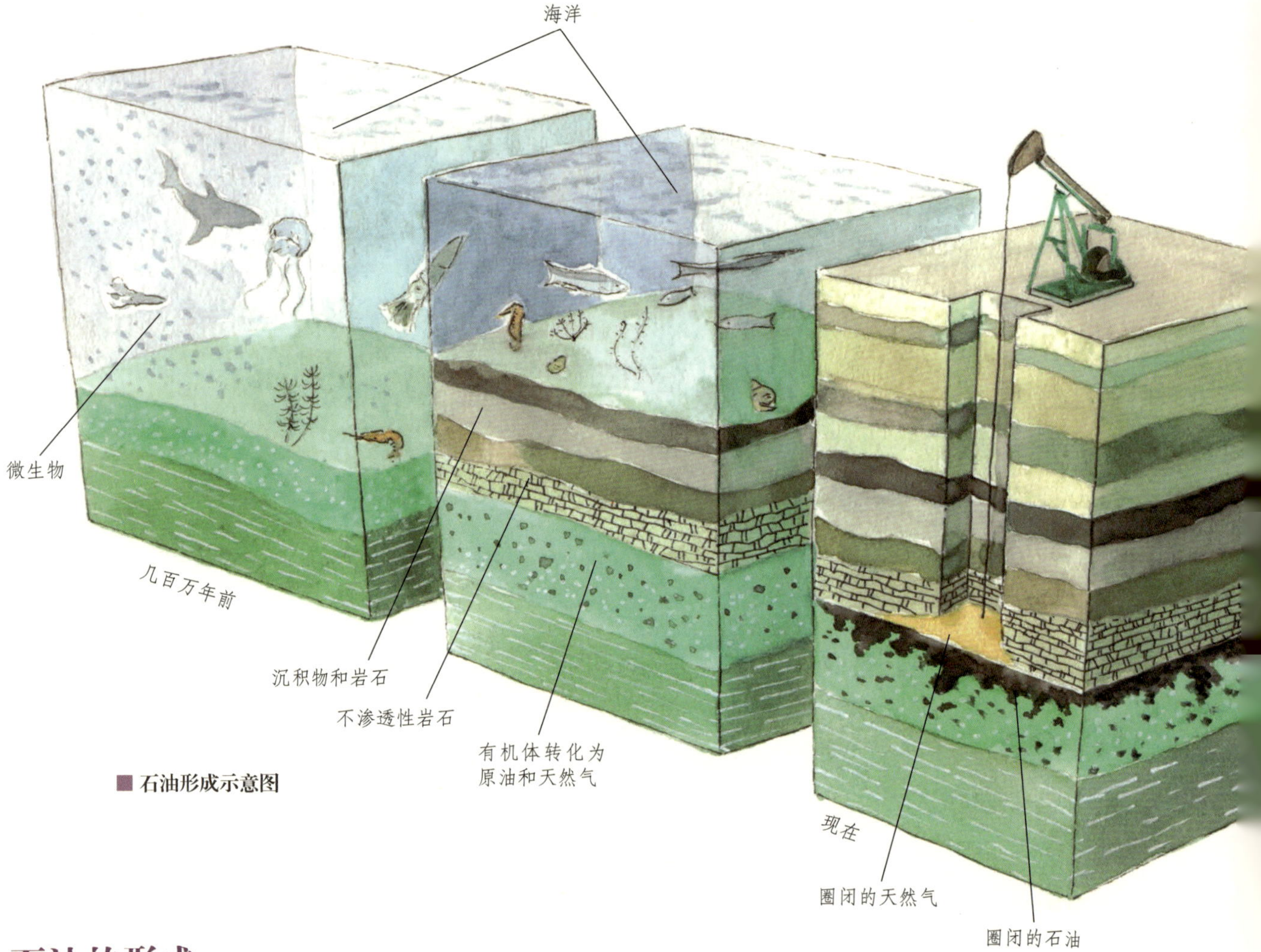

■ 石油形成示意图

石油的形成

石油是一种黄色到深褐色的黏稠液体，存在于地球表面之下的地质构造中。学术界有关石油形成的说法不一，广为接受的理论认为石油是古代海洋或湖泊中的生物，经过漫长演化形成，不可再生。另一种理论认为地壳内有许多以碳氢化合物形式存在的碳，它们比岩石空隙中的水轻，因此沿岩石缝隙向上渗透而形成。石油中生物标志物是由居住在岩石中的微生物导致的，和石油本身无关。

猛火油柜

■ 猛火油柜复原模型

猛火油柜是中国古代最早将石油用于军事方面的一种喷火兵器。据北宋军事著作《武经总要》记载，这种可以连续喷火的火焰喷射器主要用于战争中的火攻，北宋军队曾经装备过这种便于携带的喷火器。它是以一个铜制油柜、四个与油柜连通的铜管和一根油泵（唧筒）组成，油泵前段盛有引火药，整个构造与功能同现代火焰喷射器很相似。

■ 19世纪70年代巴库开始工业开采石油

石油的开采

石油在古代的早期开采和利用，在世界各国诸如古埃及、古巴比伦、波斯、印度、拜占庭的史书上都有记载，中国也是最早发现和利用石油的国家之一。1846年，人类首次使用冲击工具钻至21米深处进行了石油勘探，这便是诞生于俄国巴库的第一口现代意义上的油井。1853年，波兰科学家卢卡西维奇（Ignacy Lukasiewicz）通过蒸馏，从原油中得到了煤油，自此以石油蒸馏工艺的发明作为起始标记，拉开了近代石油开采和应用的序幕。

■ 煤油灯发明人卢卡西维奇

煤油

煤油不是来自于煤，而是由石油提炼而成的，这种无色透明的液体不溶于水，容易挥发和燃烧。人类使用油灯照明的历史很长，在替代了动物油和植物油之后并在电灯普及之前，煤油是人类照明工具的主要燃料，而煤油灯则是主要的照明工具。从用途上煤油还可分为动力煤油、溶剂煤油、灯用煤油、燃料煤油和洗涤煤油。煤油可以洗涤机械零部件、稀释油墨，还可以作为橡胶和制药工业的溶剂和玻璃、陶瓷以及金属工件表面化学热处理的工艺用油。

石油钻井

钻井是勘探和开采石油必不可少的技术和工艺，从地表穿过地层向地下钻出一个圆柱形孔眼就叫“井”，比如勘探井、观察井、开发井等，通过钻探这些“井”可以获取岩心、矿心、岩屑、液态物或气态物等地质样品，或者让油（气）从储层流入井底，又从井底抽到井口。在油井的钻进过程中和完成钻井后，需要进行取芯、录井、测井和测试工作，为油井的勘探、开发和钻井提供各种所需的信息。

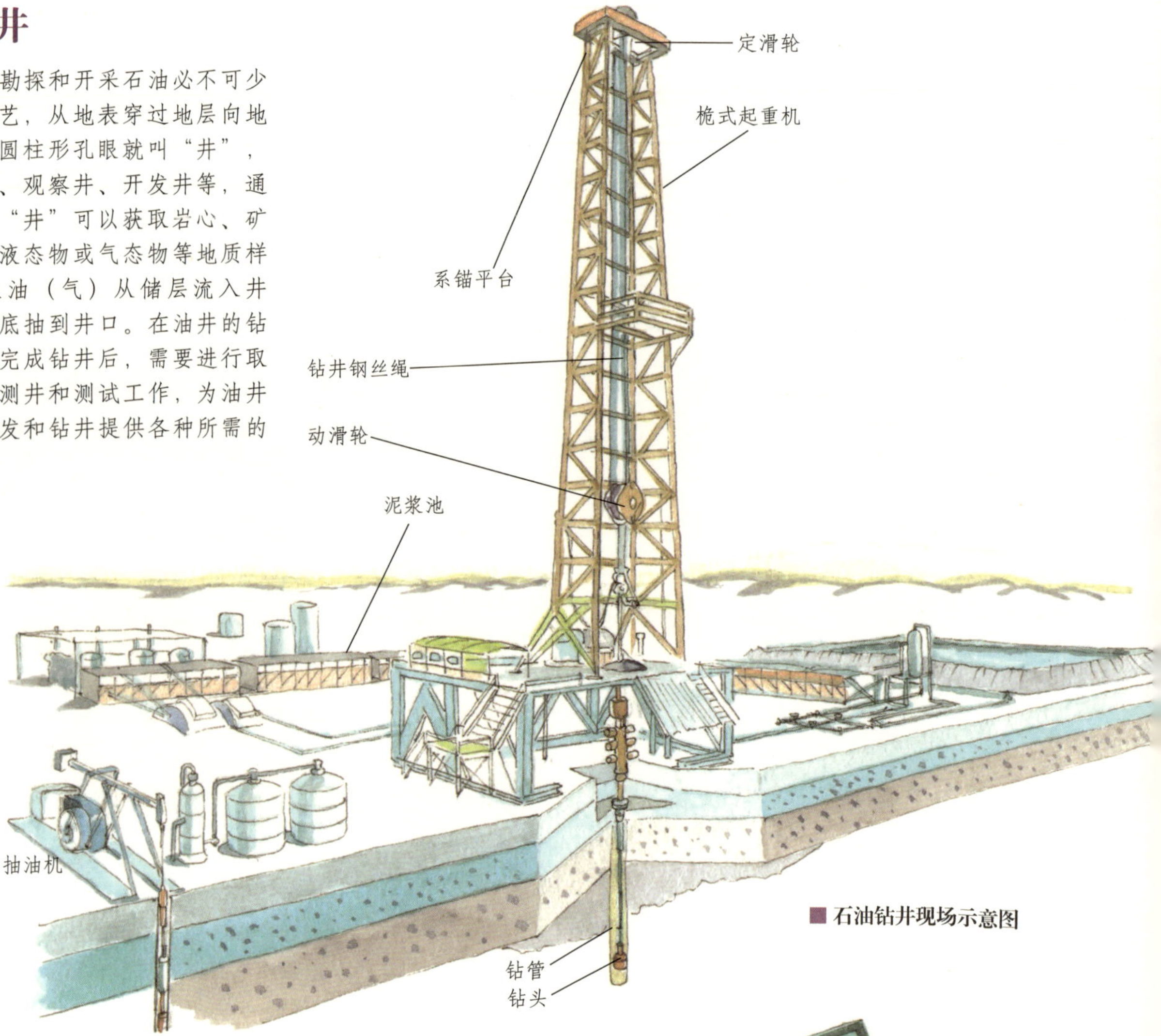

■ 石油钻井现场示意图

抽油机

抽油机是开采石油最主要的举升设备，分游梁式抽油机和无游梁式抽油机两种类型。目前各国油田主要使用游梁式抽油机，由机头、游梁、连杆、曲柄机构、减速箱、动力和辅助装置等部分组成。抽油机和普通家用水井抽水的原理一样，通过一个活塞拉杆的抽汲作用把石油抽上来。远远看过去，那个大大的扇形铁块来回运动很像是一个铁家伙在磕头，所以被形象地叫做“磕头机”。

■ 抽油机

油田

油田通常是一个原油储藏量非常丰富的特定区域，这一区域的面积巨大到有可能覆盖几千平方千米的陆地或海床。根据可开采的储量，油田规模可分为中小型油田、大型油田和特大型油田。不同规模的油田开发期也不尽相同，可能需要10年到50年或更长的时间，所以储量的评估是开采的主要经济指标之一。除去油井现场开采装置、集输管道、转油泵站和矿场油库外，电力和用水供应等基础设施和工人住宿等生活设施也是油田的组成部分。

■ 石油钻井工人

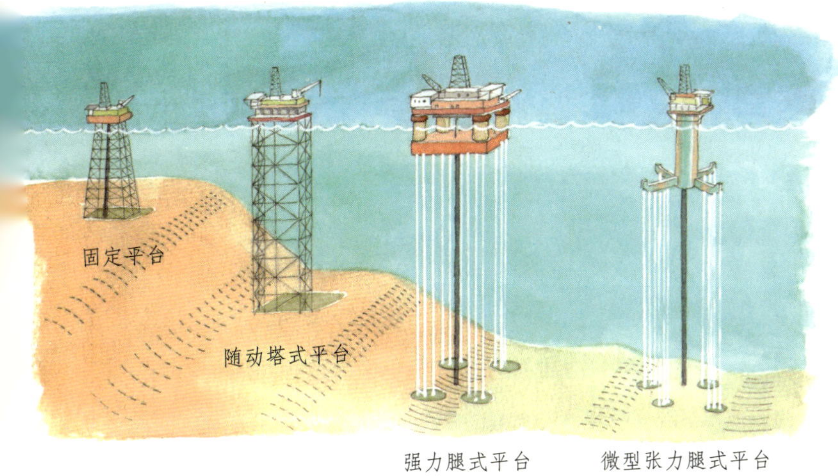

■ 不同类型的离岸钻井平台示意图

海上钻井平台

海上钻井平台是一个集中了石油（或者天然气）勘探、开采、储存和加工等多功能的大型海上结构物，包括动力、通信、导航以及安全救生设备和工作人员生活设施。这种平台可以在大陆架上作业；也可以用在湖泊、沿岸水域和近海区域，或者在海域水面漂浮，或者组成一个人工岛屿作业；还可以固定在海底，远程分散的海底油井也可以通过流动管线与中心平台相连接。平台的类型包括固定式、半潜式和自升式等。

■ 海上钻井平台

原油的储存

由输油管道或者油轮运送的原油通常会运往油库。油库是一种专门提供原油、成品油等油料的存储设施基地，这些产品最后再运送到用户或者储备供应基地。油库的位置常设在炼油厂附近，或者靠近海运油轮卸货的原油码头，有些油库会和输油管道连接，原油直接从管道进入储油罐。对油库的补给还包括铁路油品专用车、公路油罐车和油驳类船舶等。

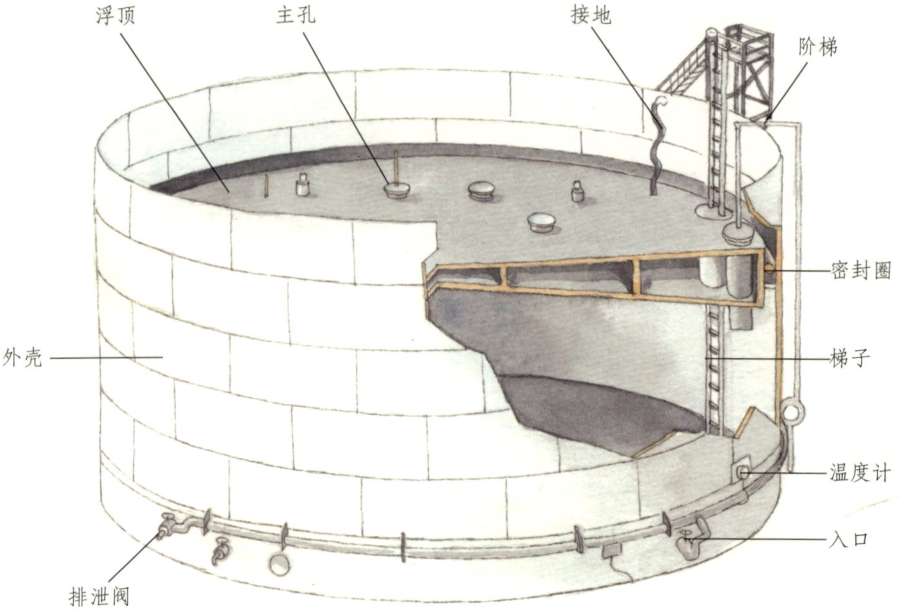

■ 阿拉斯加输油管道

■ 储油罐剖面示意图

■ 德国汉堡港油库

管道输油

开采出来的原油通常需要通过陆地或者海洋运输工具，运往炼油厂加工成燃料或者化工产品。无论是在陆地还是在海底开采的石油，都可以通过输油管道进行输送。与铁路和公路运输方法相比，管道输油具有运量大、成本低、密闭性良好和安全系数高等优点。输油管材一般为钢管，铺设在地面或者地下，使用阀门进行开闭控制和流量调节，每隔十几千米会安装接力泵用来提高管内压力推动输油。

油轮运油

除了采用管道输送原油外，海上原油运输轮船（油轮）是长距离运送石油更常用的选择，这种油轮往往是运载散装石油或者成品油等液态货物的大型运输船舶。世界上第一艘油轮——好运号（Glückauf）首航于1886年7月13日，该油轮长达97米，运载3000吨原油。新加坡的诺克·耐维斯号（Knock Nevis）油轮是一艘超大型油轮。该油轮长度458.46米，比横躺下来的埃菲尔铁塔还长；载重564763吨，可容纳65万$米^3$、将近410万桶原油。

■ 原油运输轮船

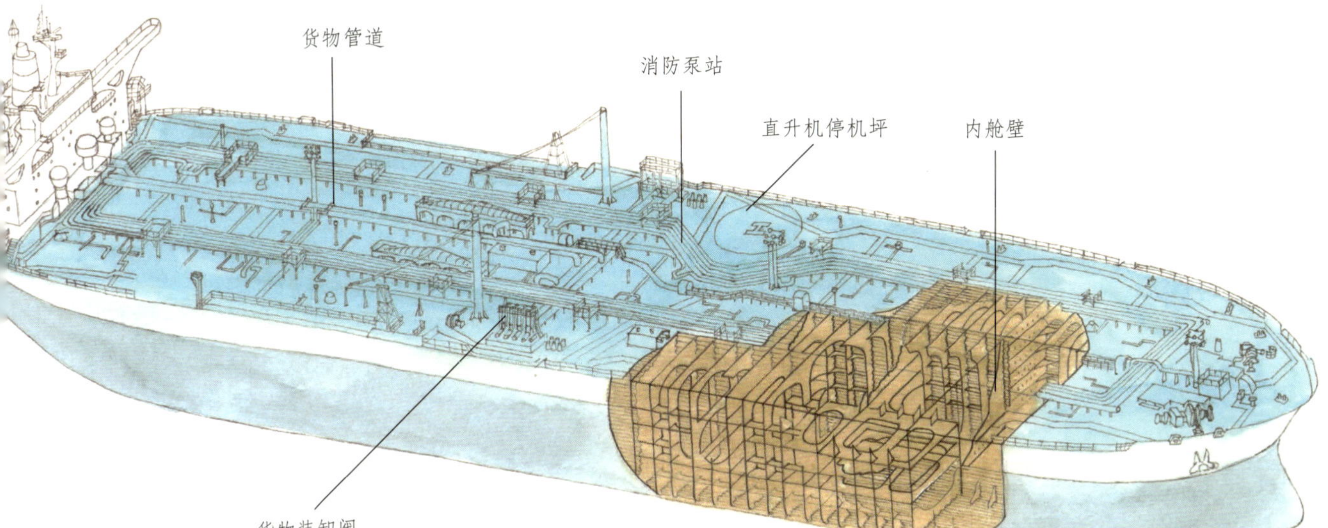

■ 油轮结构示意图

蒸馏工艺

直接开采出来的原油是烷烃、环烷烃、芳香烃和烯烃等多种液态烃的混合物，直接使用非常浪费，需要把混合物里的不同成分分离出来，分离的方法就是蒸馏。19世纪20年代石油的主要产品是灯用煤油，当时用原油加工提炼成煤油主要采用釜式蒸馏法，加工量较少。进入20世纪后，通过管式加热炉和蒸馏塔组成了连续蒸馏装置，原油加工量越来越大，原油蒸馏的现代化工艺逐步形成。

■ 早期原油蒸馏器具

原油的炼制

炼油，也叫原油炼制。原油的炼制过程就是使用炼油装置将原油裂解为各种类型的燃料，而且还可以生产出烯烃、芳烃等化工原料，关键的环节就是蒸馏。蒸馏的过程是先把原油加热形成气体，然后进入分馏塔底部，经过从400摄氏度到30摄氏度，温度逐渐下降，位置逐渐上升，由下往上冷凝和分离出不同成分的物质。

■ 美国制成第一具加工天然石油（原油）蒸馏釜的塞缪尔·基尔

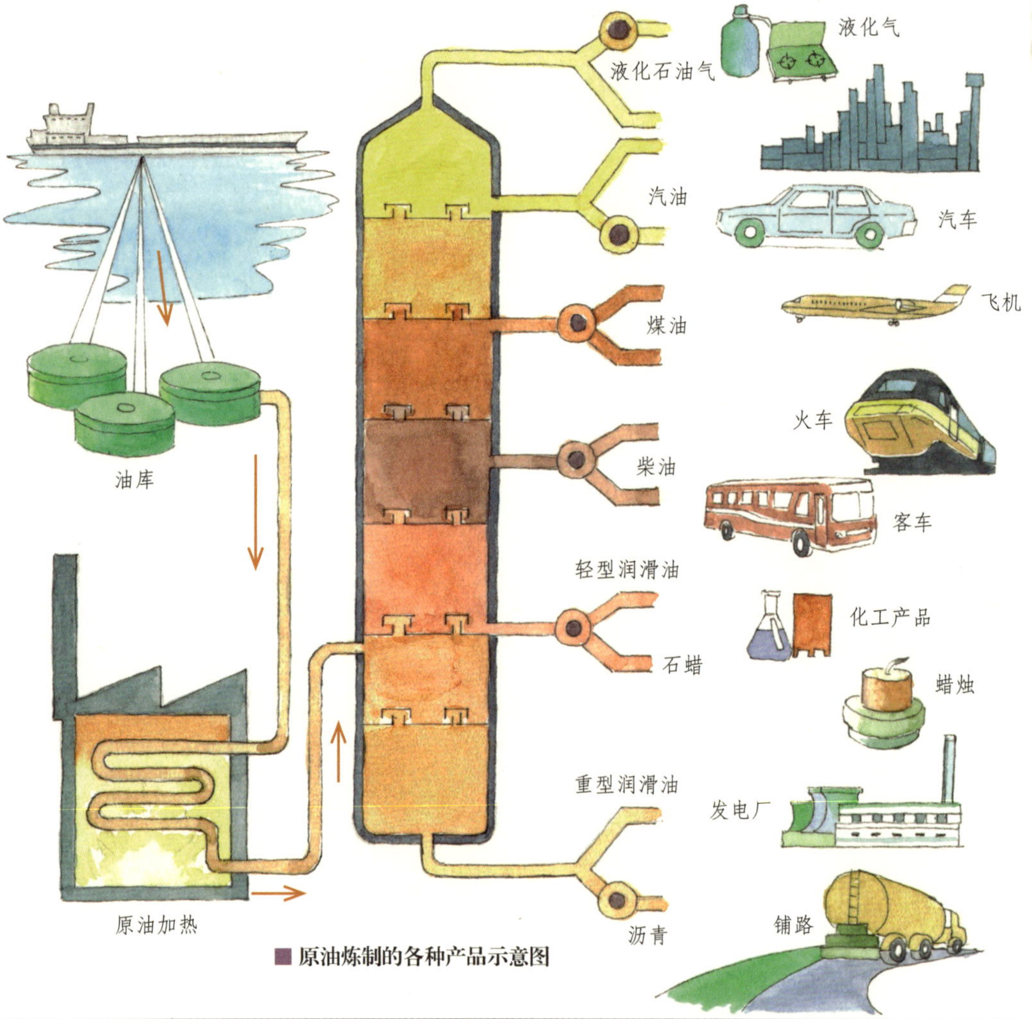

■ 原油炼制的各种产品示意图

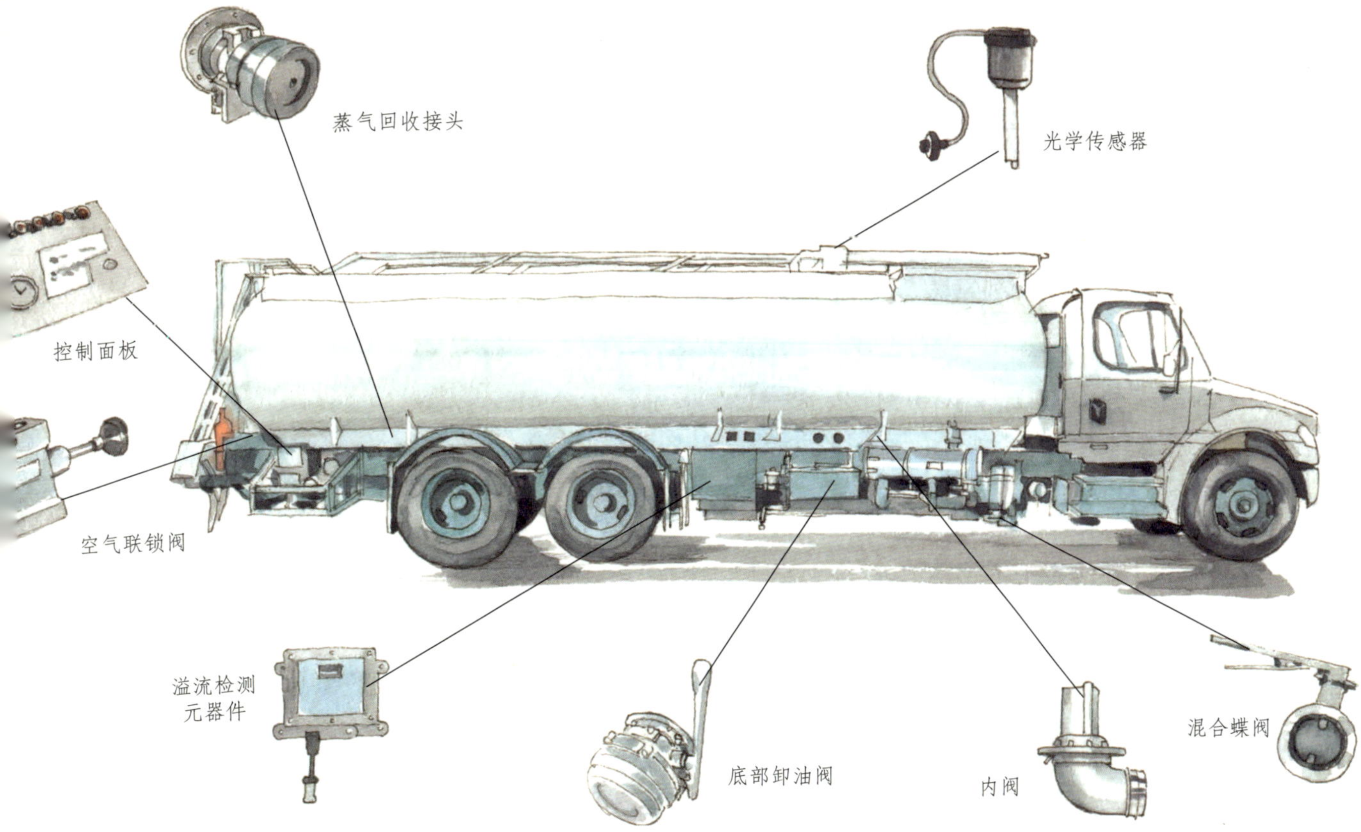

■ 油罐车及部件示意图

油罐车

油罐车是一种用于运输和储藏石油衍生品（汽油、柴油、原油、润滑油和煤焦油）的机动车辆。世界上最早的油罐车1865年出现在美国宾夕法尼亚州，那只是一辆为运送原油而装有带状木板和甲板的平板车。发展到今天，油罐车有铁路运输和公路运输两大类，铁路类包括轻油类罐车和黏油类罐车；公路类油罐车分为运油汽车和加油汽车。运油汽车装有容罐、消电装置、通气阀、灭火机和输油胶管等；加油汽车的设施还包括泵油系统、控制系统。

■ 加油站

加油站

和现代加油站相比，原始的加油站只是一个成品油零售杂货店，加油是一件需要多人辅助才能完成的事情。1905年手动加油机的发明揭开了加油站的序幕，两年后安装有手动加油机和连接油罐管线的第一座加油站诞生，随后油泵、地下油罐、管线和加油机出现，加油站模式才基本定型。到20世纪初汽车的大众化普及，各石油公司开始大规模建设加油站网络，发展到现在，加油站已经成为城市中常见的，向机动车辆提供油类、气类、酒精类燃料和润滑油的服务站点。

汽油和柴油

汽油是全球消费量最大的轻质石油产品，作为发动机重要燃料的汽油可分为航空汽油、车用汽油、溶剂汽油三大类。前两类广泛用于汽车、摩托车、快艇、直升飞机、农林业用飞机等，第三类用于生产合成橡胶、油漆、油脂、香料等产品。

柴油是一种轻质石油产品。它分为轻柴油和重柴油两大类，广泛用作于船舰、铁路机车、拖拉机和大型车辆柴油（压燃式）发动机。与汽油相比，柴油的能量密度高，燃油消耗率低，属于低能耗燃料。

■ 汽油

■ 重油

重油

原油在经过提取汽油、柴油后剩余的重质油就是重油，也叫燃料油。重油分子量大、黏度高、密度大，热值也高。汽车对发动机提速的要求高，所以使用汽油、柴油。船舶往往是万吨甚至十万吨级别，更偏重对动力的要求，对于速度的要求远远低于汽车，因此会选择使用重油。从成本上来比较，使用重油也会比汽油和柴油更经济。钢铁厂高炉喷吹和发电厂发电如果选用油作燃料，通常会选重油。

沙特阿拉伯燃油电站

2019年3～6月，沙特阿拉伯燃油电站延布三期工程的1号、2号和3号机组先后成功并网发电。这个由中国公司承建的项目占地3.15千米^2，包括卸油码头、8台重油罐、5台660兆瓦超临界燃油锅炉、5台超临界蒸汽轮机、2座烟囱、BOP公用系统及其相关附属设备管道、配套建设55万米^{3}海水淡化工程，是当今全球范围内在建规模最大的燃油电站。这个项目对改善沙特阿拉伯民生意义重大，成为当地的标志性能源工程。

燃油发电

燃油发电和燃煤发电的基本原理是一样的，唯一不同的是燃料用油品替代煤炭，另外燃油发电厂使用燃油锅炉产生蒸汽来驱动汽轮发电机。和燃煤发电厂相比，燃油发电厂有燃料运输方便、基建投资和运行维护费用较低等优势，但在过去几十年，各国燃油发电比重都在大幅下降。

还有一种使用石油产品发电的方式是内燃机。除了固定式内燃机发电厂以外，还有移动式发电站如汽车或列车。用于发电的柴油发电机燃料可以是轻柴油、重柴油和重油。

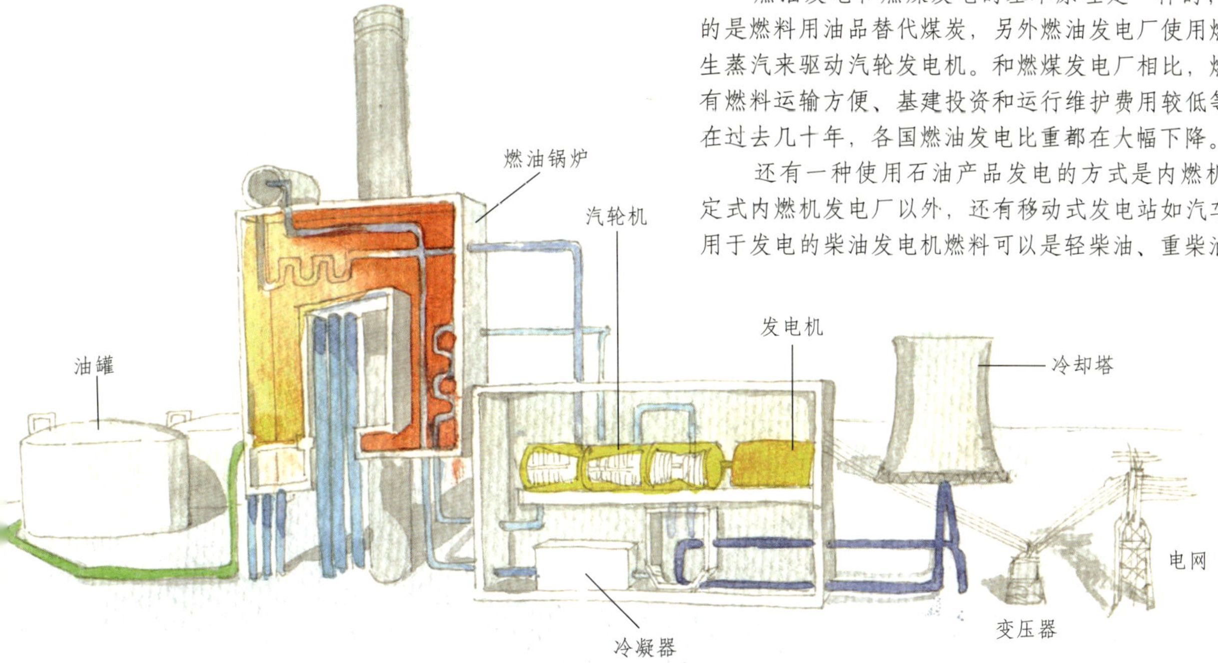

■ 燃油电站发电原理示意图

■ 沙特阿拉伯延布三期燃油电站

可燃之气

天然气和石油一样，也深藏在地层深处，是经过了漫长的时间而形成的，现在也被人类用来当作燃料和化学工业的原材料。这些几乎完全相同的特性，让天然气和石油成为一对共生共存的“孪生兄弟”，在勘探和开采的时候，这两种天然资源相伴相依、同时存在。

天然气主要成分是烷烃，最重要的用途是燃料，在石油地质学的定义里，天然气分为油田气和气田气。天然气比空气轻，无色、无味，无毒，用户能够闻到天然气的味道是因为它在输送到最终用户前添加了硫醇等气体，以便容易检测出泄漏。天然气可用于发电，也可用作于化工原料，还广泛用于民用和商业燃气灶具、热水器、采暖以及造纸、冶金、采石、陶瓷、玻璃等行业。

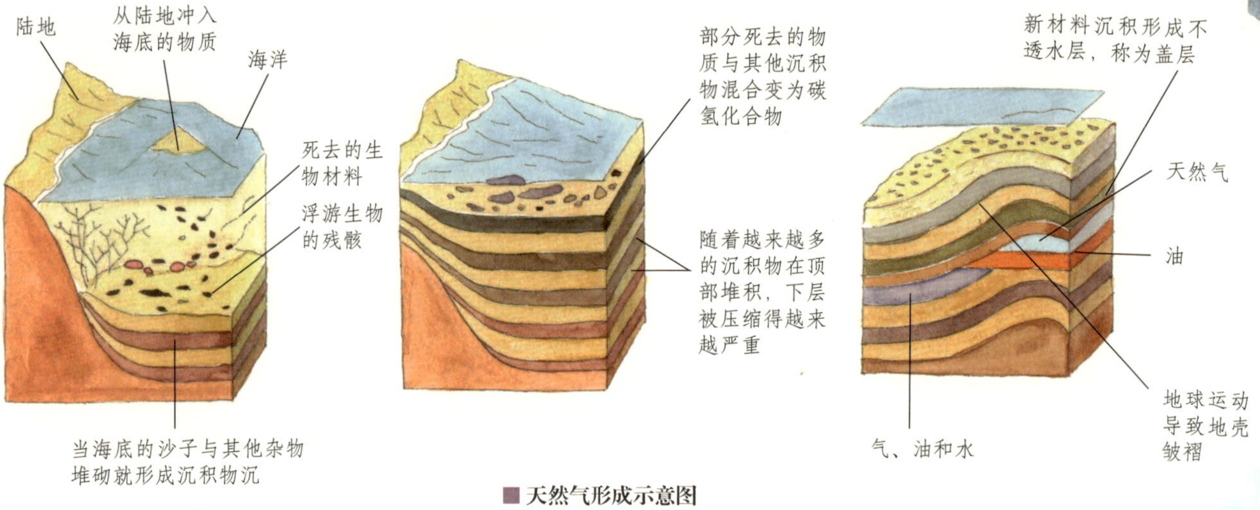

■ 天然气形成示意图

天然气的形成

天然气和石油一样，也蕴藏在各种类型的陆地或海床下面。数亿年前的海洋里，各类浮游生物在死去后大量沉积，遗骸铺满海床，又被泥沙等沉积物覆盖，逐渐下沉，越积越厚，在地层深处经过压力挤压和高温加热等作用，缓慢腐烂分解，最终变成黏稠的液体（石油）和冒泡的气体（天然气）。这些日积月累形成的天然气和石油，慢慢地通过地层缝隙逐渐上浮，最后停留在致密岩石层的下面。

■ 化石燃料来自海底的死去的有机物

化石燃料

那些埋藏在地下或者海底的死去的有机物和植物，经过分解而形成的混合物就叫化石燃料。化石燃料包括煤炭、石油、天然气、页岩气、油砂、油页岩和可燃冰等，它是一种不可再生的燃料资源。化石燃料的应用引发了工业革命，迄今为止，人类使用的主要燃料几乎都是化石燃料，化石燃料燃烧每年会产生约上百亿吨二氧化碳，而自然界只能吸收其中一部分，未被吸收的二氧化碳是导致全球变暖的因素之一。

■ 1813年英国威斯敏斯特大桥上的煤气灯

燃气照明

1812年，燃气照明和焦炭公司在英国伦敦威斯敏斯特成立。次年，英国议会向该公司授予了燃气照明特许权。1813年12月31日，威斯敏斯特大桥被安装的煤气灯点亮了，英国成为世界上最早将天然气用在街灯照明的国家。1816年，美国马里兰州巴尔的摩伦勃朗特·皮尔博物馆也开始使用燃气街灯。中国上海街头第一次出现煤气灯是在1865年12月18日。

气井和油气田

通常地下1000～6000米处的有机沉积物产生石油，温度在60～150摄氏度，而埋藏更深、温度更高的沉积物产生天然气。石油和天然气在形成初期呈分散状态，存在于生油气地层中，它们必须经过运移、聚集才能形成可供开采的工业油气藏，在单一局部构造单位所控制的同一面积内，只有油藏的叫油田；只有气藏叫气田，同一面积内油藏、气藏、油气藏的总和叫油气田。同一产油气面积内的油气藏总和就叫油气田。通过钻井来开采天然气的生产井叫气井。

■ 海上油气田

天然气的净化

从油气田开采出的天然气，往往含有砂子或混有铁锈等固体杂质，还会含有水、水蒸气、硫化物、二氧化碳以及氮气和氦气等非烃类气体，因此被叫做“粗天然气”或者“湿气”。粗天然气不能直接提供给用户，需要先进行净化处理。在天然气净化厂里，天然气进入装置前先经过气液分离器分离固体杂质和液体，再通过过滤器除掉固体杂质，最后进入脱酸、脱水、脱汞、脱重烃等处理环节。

■ 1931年美国芝加哥跨州输气管道的铺设

■ 天然气净化厂

■中国“西气东输”工程

管道输气

天然气可以从开采地点或净化厂通过管道输送到城市居民或企业用户管道接口处，天然气管道约占全球各类输送管道总长度的一半。输气管道是一个连续密闭的系统，长距离输气管道甚至会跨越国界。20世纪20年代末，随着无缝钢管焊接技术的发展，美国开始铺建现代天然气管线，到1931年建成了一条输往芝加哥，全长1600千米的跨州天然气管线。中国2007年完工的“西气东输”是一项从新疆到上海贯穿中国9个省（自治区），全长4200千米的输气管道工程。

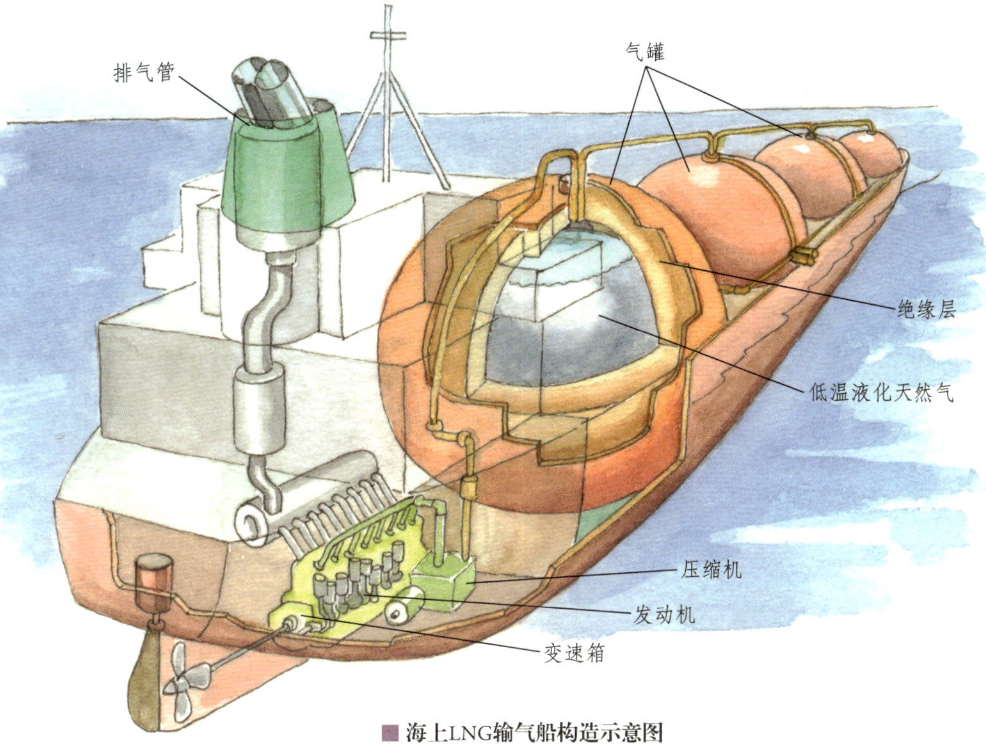

■海上LNG输气船构造示意图

船舶运气

天然气除了通过管道输送外，也可以用船舶进行海上运送，液化天然气（Liquefied Natural Gas, LNG）输气船就是这样一种运输工具。为了便于运输，天然气通常由气体压缩为液体，因此LNG输气船的液舱必须保持在零下160摄氏度左右的低温状态。常见的液舱形状有球形和矩形两种形状。还有一种专门用于运输液化石油气（Liquefied Petroleum Gas, LPG）的输气船，运输以丙烷和丁烷为主要成分的石油碳氢化合物或混合气，或者丙烯、丁烯等。

天然气的存储

天然气的存储方式主要有气态存储和液态存储两种方式。一是将天然气加压以气态的形式存储在容器中，这种气体叫压缩天然气（Compressed Natural Gas, CNG），气态存储又包括地面储气罐存储、管道存储和地下储气库存储。二是将天然气净化处理后，再经超低温常压液化形成液态进行存储，这种液体叫液化天然气（LNG），LNG船运送的就是这种气体。

■ 全封闭液化天然气储罐结构示意图

燃气发电

和煤相比，天然气是一种清洁能源，它的优势明显，可以替代煤为燃气锅炉提供燃料，也可以用来发电。燃气发电就是使用天然气或其他可燃气体发电的过程。燃气轮机通常使用的燃料，分为液体燃料与气体燃料。发电用燃气轮机的常规液体燃料是石油馏出产品，含柴油和重油；常规气体燃料是天然气。

■ 燃气发电厂

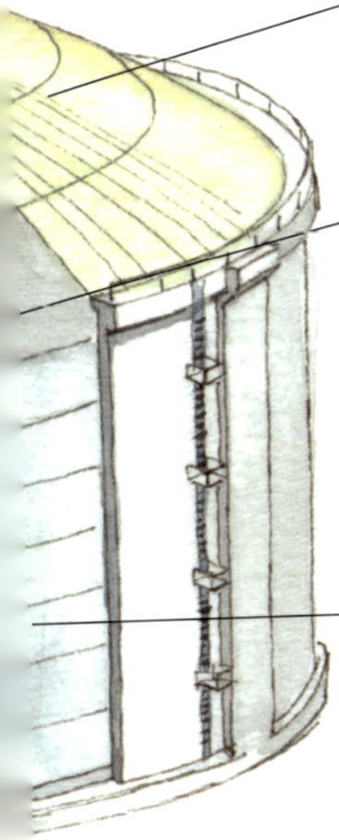

汽车燃料

天然气可以替代汽油和柴油，作为驱动交通工具的燃料。天然气汽车是一种环保型汽车，不积炭，不磨损，运营费用低，废气排放量大大低于使用汽油和柴油发动机类型的汽车。以天然气为动力的车辆使用的燃料是压缩天然气（CNG）、液化天然气（LNG）和液化石油气（LPG）三种。在动力性、燃料经济性和尾气排放方面，CNG和LNG没有明显的区别，但由于能量密度低，CNG汽车更合适城市公共汽车等中短途运输。

■ 压缩天然气加气站

■ 家用煤气灶

民用燃料

天然气可以用作民用燃料，居民家庭和商业燃气灶具、热水器具、采暖设施都可以使用天然气。民用天然气消费处于整个天然气输配网的终端，通常采用管道输送。由气源通过长距离管线到达城市配气中心，再通过分输、区域系统设施减压后进入民用中压管网，最后通过楼宇减压设备进入千家万户。除了管道天然气外，管道煤气和罐装液化石油气也是家庭和商铺经常选用的气体燃料。

石化产业

以石油和天然气为原材料的化学工业叫石化产业，这个产业向全球提供汽油、煤油、柴油、重油以及天然气等主要能源，还向高分子合成材料和绝大多数有机化工产业提供原材料。石化产业也为农业发展作出了巨大贡献，化肥、农药、农用塑料薄膜以及农业机械所需要的各类燃料也大都来自石化产品。石化产业还为机械行业用于金属加工的各类润滑材料、建材工业的门窗、地板、涂料提供新材料。

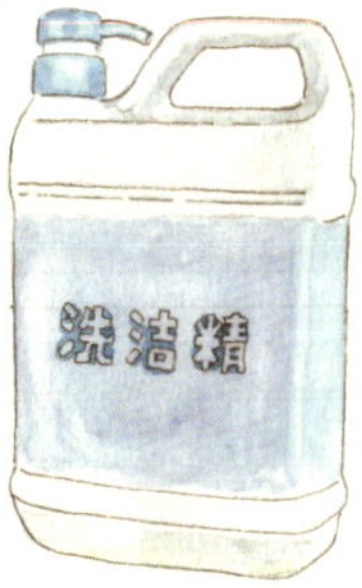

洗洁精

洗衣液

■ 石化厂

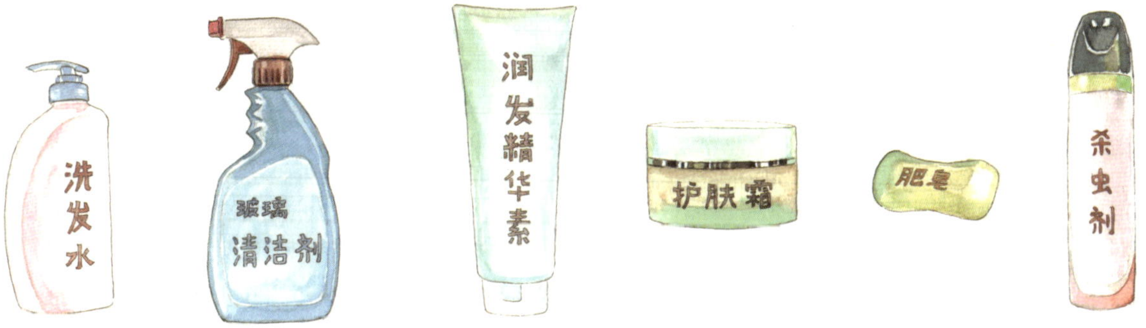

洗发水　玻璃清洁剂　润发精华素　护肤霜　肥皂　杀虫剂

■ 用天然气提取的化工原料加工的产品

化工原料

以天然气为原料的化学工业就叫天然气化工业。利用天然气可以制造或提取很多化工原材料，如制成的炭黑可以制造染料、油漆；制成的乙炔可以用于照明、焊接和金属切割；制成的甲醇可以用于生产药品和农药；分离出来的乙烯可用于生产塑料和合成纤维；制成的氨可用于生产尿素和制冷剂；提取的氦气可用于超低温冷却、高真空装置、原子核反应堆、火箭、宇宙飞船等科研、军工、制冷、医疗等领域。

合成材料

合成纤维、合成橡胶和合成树脂都是利用天然气或石油产品为原料由人工制造出来的合成材料，人类再用这些材料进一步制造出各种各样的日常用品。合成橡胶用来替代天然橡胶可作为密封、绝缘和耐介质材料。合成纤维用来制造衣料织品、绳索网具、窗帘台布、帆布、地毯甚至人造血管。合成树脂的最大产品就是塑料，绝大多数塑料是由单体的合成树脂在高温和高压下，与催化剂、添加剂和色素混合，通过定型模具挤压而成的。

合成纤维

合成树脂

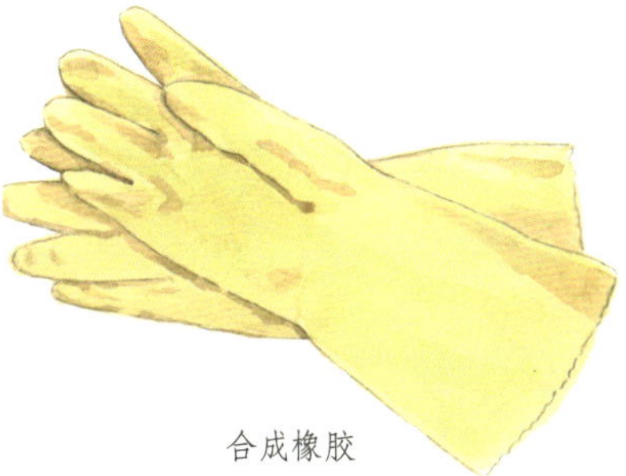

合成橡胶

■ 三大合成材料

燃气－蒸汽联合循环发电

燃气－蒸汽联合循环发电是指燃气轮机、发电机、锅炉、汽轮机等共同组成一个循环系统，把燃气轮机排出的烟气通过锅炉回收转换为蒸汽，再把蒸汽注入蒸汽轮机进行发电。当前，燃气－蒸汽联合循环发电技术日趋成熟，加上世界范围内天然气资源的进一步开发，燃气轮机及其联合循环在世界电力工业中份额增加迅速。

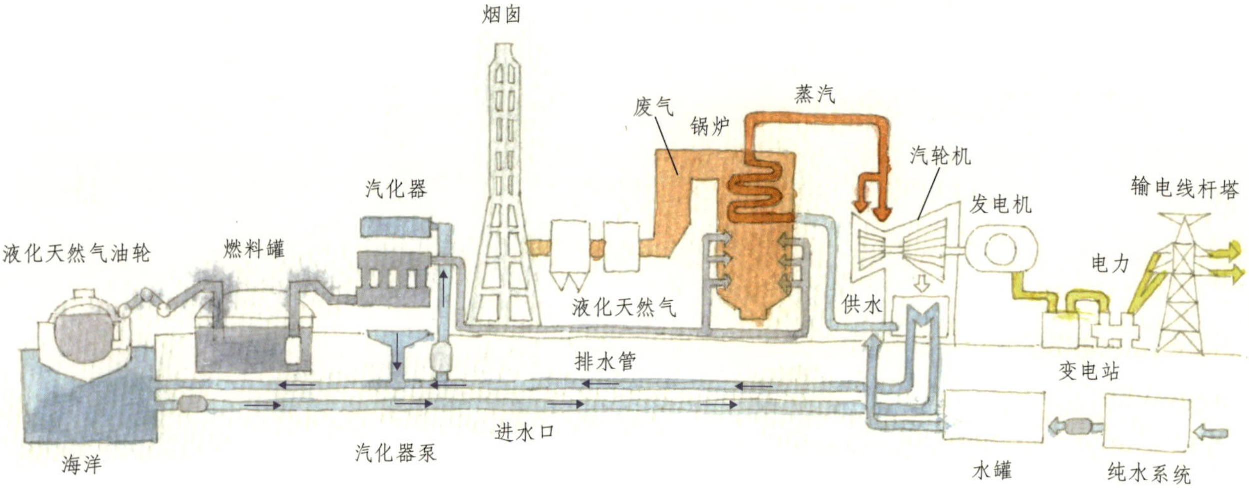

■ 燃气－蒸汽联合循环发电原理示意图

冷热电三联供系统

冷热电三联供系统是以天然气为主要燃料的能源供应系统，通常由发电机组、溴化锂制冷装置、热交换装置组成。它通过对系统产生的热水和高温废气的利用，达到供电、供热、供冷的多种需求。这种系统不但可以发电，在冬季供暖、夏季制冷，还可以提供生活热水。冷热电三联供系统是分布式能源的一种，如今这种系统已经应用在机场、商场、办公楼、医院、学校、酒店、度假村和工业园区。

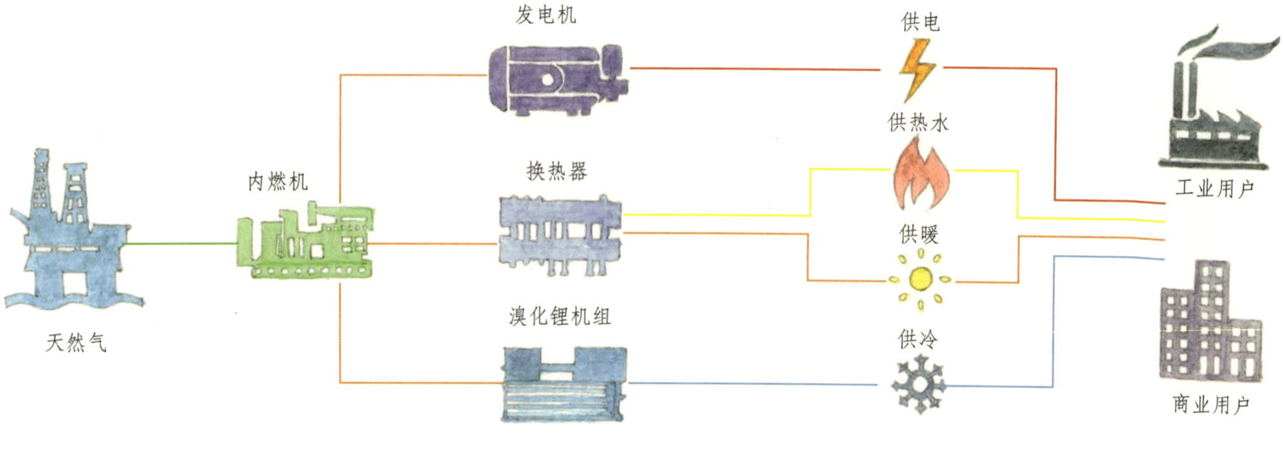

■ 楼宇型能源站示意图

■广东惠州LNG电厂

■2014年山东青岛市世界园艺博览会也采用了冷热电三联供系统

助力粤港澳

2019年1月，位于惠州市大亚湾经济开发区的广东惠州天然气发电有限公司（惠州LNG电厂）扩建热电联产工程6号机组投产发电，这是迄今为止中国大陆装机容量最大（255万千瓦）的天然气发电厂。它具有国际先进的燃气—蒸汽联合循环机组，主燃料为液化天然气，节能环保、热效率高、启停迅速。惠州天然气发电厂安全优质的建成，对推动粤港澳大湾区能源供给侧结构性改革，优化粤港澳大湾区能源结构和布局，建设清洁、低碳、安全、高效的能源供给体系具有重要意义，将为粤港澳大湾区发展建设注入源源不绝的绿色动力。

自然之水

飘在空中的云、落在地上的雨、奔腾不息的河、波光潋滟的湖、超过地球表面面积70%的海洋……都是水的各种形态。水在自然界中不断经历着液态、固态、气态的循环变化。

太阳能驱动地球上的水持续不断地产生循环，地球上无数山川河流蕴藏着巨大丰富的能量，这个能量就是水的能量。从古代农耕文明孕育出来形形色色浇灌农田的水车，到现代工业革命引发水电站的使用。千百年来，人类从来没有停止过开发和利用水能。随着地球上化石能源的日渐减少，水能作为可再生能源一支重要的主力军，其价值愈发不可替代。人类与水休戚相关。水是滋养地球上万物生长的源泉，也是推动人类文明进步的动力。

水的形态

水有三种形态：液态、气态和固态。液态水是一种常温常压下无色无味的透明液体。水的气态是水蒸气，当达到沸点时水就变成水蒸气。水的固态是冰，在标准大气压温度0摄氏度以下，水就变成了冰、雪、霜、雹。大自然中的水，气态数量最少但分布最广，液态数量最大分布次之，固态只有在特殊条件下才能存在。三态之间的变化是：水汽化变成水蒸气，凝固变成冰；冰融化变成水，升华变成水蒸气；水蒸气液化变成水，凝华变成冰霜。

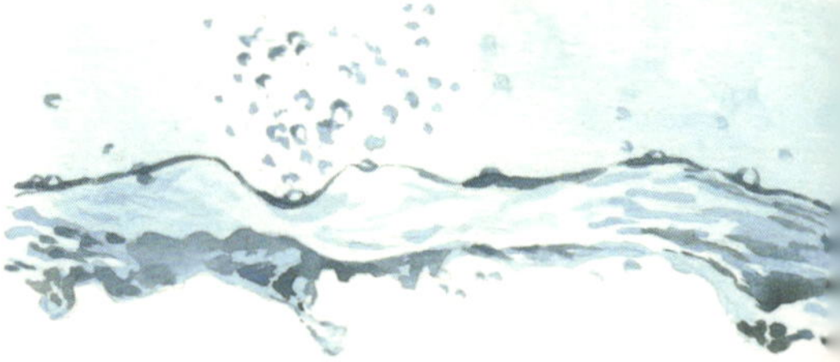

水的液态

水的气态

水的固态

■ **水的三态**

地势和地貌

地势是对地表高低起伏状态的描述，通常会用地表形态的绝对高度、相对高差或坡度的陡缓程度来表示。人类利用地势的一个经典实例就是修建水利工程。在水能资源丰富的前提下，地势落差越大越适合建设水电站。地貌是地球表面各种形态的总称，也称地形。地形会影响水的流动，降水以及冰川的融化会给河流带来峰期，水电站水库大坝的选址就会优先考虑峡谷等地形。

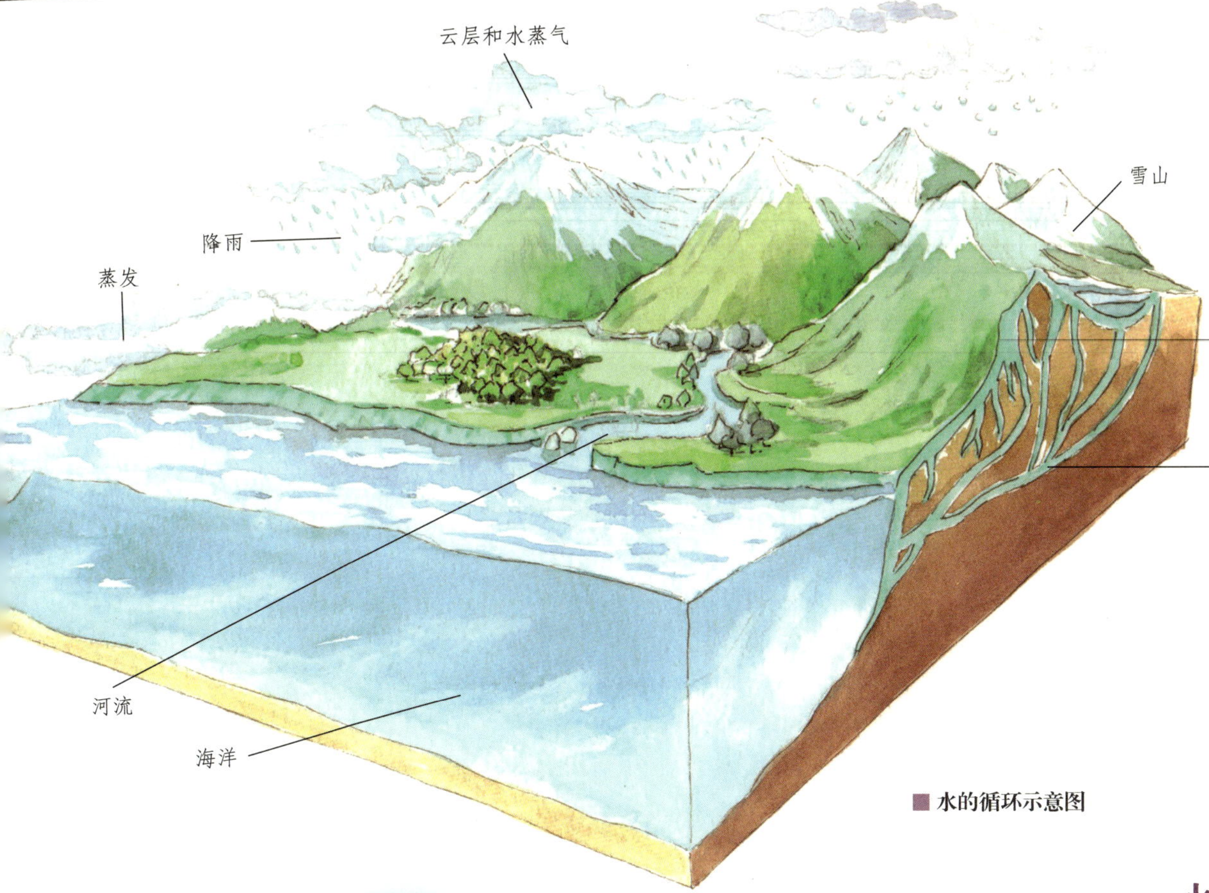

■ 水的循环示意图

水的循环

地球上的水大多数存在于大气层、地面、地下、河流、湖泊和海洋中。自然界中的水通过蒸发、降水、渗透、地表径流和地下径流等方式，从一个地方移动到另外一个地方，这就是“水循环”，大气层中水的循环过程是蒸发－凝结－降水－蒸发，周而复始。海洋上空的水汽可被推送到陆地上空凝结、降水。降水、蒸发和径流是水循环过程三个重要环节。

■ 积雪冰川

积雪和冰川

覆盖在陆地和海冰表面的雪层就是积雪，寒冷的高山山顶总是覆盖着厚厚的积雪。积雪是淡水的重要来源，陆地上每年从降雪获得的淡水补给量约为6万亿米^3，约占陆地淡水年补给量的5%。冰川是积雪经过多年压实、重新结晶再冻结成冰而形成的。积雪和冰川是水在大自然中的一种存在形式，冰川是地表重要的淡水资源。地球上的冰川蕴藏了所有淡水资源的97.8%，其中南极大陆冰川约占全球淡水总量的72%。

■ 峡谷

水的流动

由于重力的作用，地球上的水不论是地表水还是地下水，总是从高处流向低处，这种自然流动的水道就叫河流。河流通常是淡水，流向其他河流、湖泊和海洋。高原常年积雪，海拔较低地方的积雪会随着季节变化，因温度的升高而融化，形成了河流上游的源头。从源头出发，流向下游的水流，一路与融化的雪水、降落的雨水、地下水和湖泊溢出的溪流汇合成大河，最后流入海洋。

■ 河流

■ 水斗式水轮机发明人佩尔顿

水轮机的发明

水轮机早期的雏形是水车，现代水轮机是把水的势能和动能转换成机械做功的一种机械装置。这种机械发明于19世纪，当时有冲击式和反击式两大类型，早期的冲击式水轮机在水流冲击叶片时，动能损失很大，效率不高。1889年，美国工程师佩尔顿（Lester A. Pelton）发明了水斗式水轮机，它有流线型的收缩喷嘴，能把水流能量高效率地转变为高速射流的动能。现代水轮机安装在水电站内，用于带动发电机发电。

■ 冲击式水轮机模型

落差和瀑布

河流的落差是由河床高度的变化而导致水位出现差距，从物理的角度来说，落差越大，河水下泄的冲击力就越大，由重力势能转化成为动能的能量也就越大。瀑布是河水在流经断层、凹陷等地区时垂直地从高空跌落的一种现象。瀑布落差越大，水流落下的速度越快，水体蕴藏的能量就越大。河流的运动、瀑布的落差和水体的冲击力等自然现象，启发人类开始思考如何利用水能。

■ 瀑布

水车

水车是两千年前就出现在古埃及、古罗马和中国的一种装置，人类用它将水流的能量转换成动力。水车的轮子通常由木头或金属制作，外轮缘上布有一组叶片或水斗，形成可被水流驱动的接触面。人们使用水车灌溉农田、磨制谷物，将木材磨成纸浆或者压榨油料，甚至锤打锻铁和粉碎矿石。通常，带动水车的水道是由人工开凿的，现代水电站利用水的落差，在原理上可以看作水车的后代。

■ 水车带动的石磨坊

水能资源

以动能和势能等形式存在于河流水体中的能量资源称为水能资源，也称水力资源。构成水能资源的基本条件是水流和落差，流量大，落差大，水能资源的理论蕴藏量就大。人类利用水能资源的历史可以一直追溯到古代水车。但早期的利用仅仅是将水能转化为机械能，直到水力发电机组的出现以及高压输电技术的应用和发展，水能转变为机械能再最终转变成电能之后，人类才迎来大规模开发利用水能资源的时代。

■ 丰富的水能资源

水库和蓄能

水坝拦截河流自然会形成一片人工湖泊——水库。建造水库的目的是阻截水流蓄积河水，以便有效地储存和控制这部分水体的能量。当水库水位越高时，库底压力越大，蓄积的能量就越大，发电量也就可能越大。水车只能向靠近水道的装置提供动力，而水库建造的水电站却可以向千里之外的城镇提供电力，即便在水位下降的旱季里，水电站也照样可以发电。

■ 截流大坝和水库剖面示意图

截流和水坝

怎样才能很好地利用河流蕴藏的巨大能量呢？人类采用的办法是建造一座水坝来截流。一般水坝会选择在河道比较狭窄、河流两岸地势比较高的河谷或峡谷地段。早先的水坝并不是为了利用水能，而是为了供水、灌溉、防洪等用途。早在公元前2900年，埃及人就在尼罗河上建造了一座15米高的砌石坝，用来向首都孟菲斯供水。而中国人在公元前256年建造的都江堰，则是一座功能远远超出水坝的水利工程。

■ 建造在深窄峡谷内的美国胡佛大坝

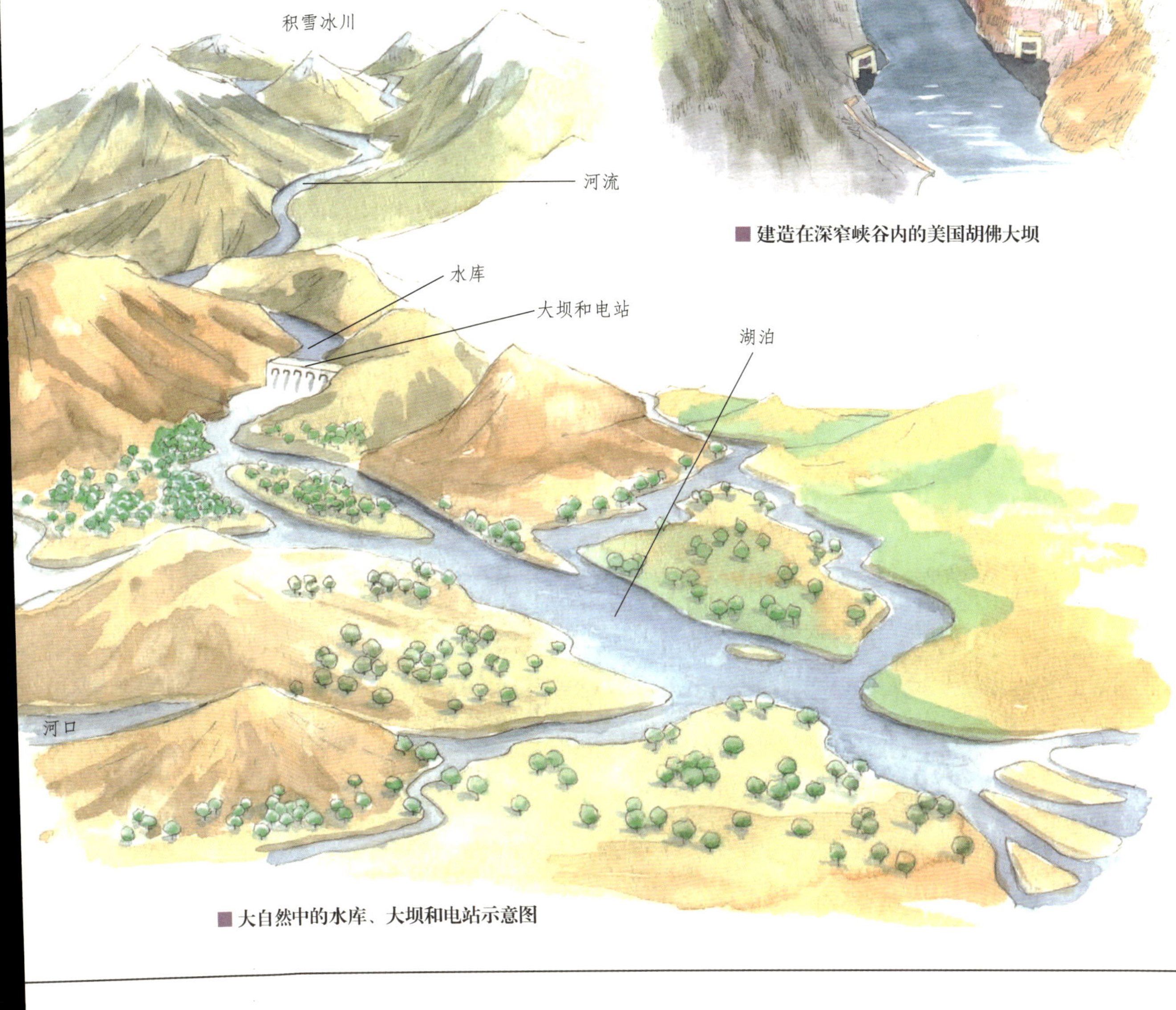

■ 大自然中的水库、大坝和电站示意图

生存之本

水是一种能源，是一种资源，也是生命存在之本。生活中的饮用、烹饪、洗涤和清洁离不开水，工业生产中采暖、冷却、溶解、润滑、净化也离不开水。早在公元前1世纪，古罗马人就修筑了一条跨越山谷的高架水渠（Pont du Gard），将50千米以外的泉水引入城里。2003年开始动工的中国“南水北调”工程最终调水规模448亿米^3，是优化中国南北区域水资源配置的国家战略性工程。

■ 自来水水塔

■ 北京饮用水源供应地之一——密云水库

灌溉之源

古人仅仅是利用水车灌溉农田，今天的水利枢纽一般都会担负多重任务。一座大型水利枢纽不但有发电需求，还要具有防洪能力和航运能力。水库在农田灌溉中发挥举足轻重的作用，它是一座既可以在雨季里储存降水又在旱季浇灌农田的蓄水池，这座巨大的蓄水池利用水能的特性，通过大大小小的渠道和闸门，把水送到千家万户的农田，滋润万物。

■ 都江堰两千多年来一直灌溉成都平原的农田

航运之道

除了河流这种自然航运渠道以外，人类还开凿人工运河。始建于公元前486年的大运河就是世界上开凿最早、规模最大的运河，它的作用就是利用水道调运粮食。水坝建设对航运也很重要，可以让水库上游的河道变宽变深，使得上游河段船舶吨位上升，也可以通过调节河流径流量以及水库下游航道丰水期与枯水期水位，来改善河流中下游地区的航运条件。当水库上下游水位落差较大时，修建大坝船闸便可以保证航道通畅。

■ 长江上的航运船舶

■ 洪水给农田和居民带来的灾害

防患之举

水既能带来好处，也能带来灾害，暴雨导致的洪涝灾害始终是大自然对人类的威胁。自古以来，人类就通过植被种植、梯田或缓坡修建、河流防御等措施来防范和减缓水灾。修筑泄洪渠道、堤坝、水库、围堰也都是防洪抗洪设施。大坝及水库通常都设有防洪保护区，雨季来临之前，水库必须将水排出，使水位保持在一定的高度以下。而在城市里，用来疏通和收集公共污水和雨水的下水道也具有缓解城市内涝、抵抗区域洪水的作用。

大坝建筑物

按照水电工程界的划分，大坝和水闸一样，都属于挡水建筑物。构成水库和大坝的还有其他不同分类或者功能的建筑物：溢洪道、泄水隧洞属于泄水建筑物；进水口、泵站属于取水建筑物；引水隧洞、渡槽、输水管道和渠道属于输水建筑物；而真正担当起把水能转换为电能这一重任的建筑物及设施包括压力前池、压力管道、调压室、电站厂房和输变电建筑物。

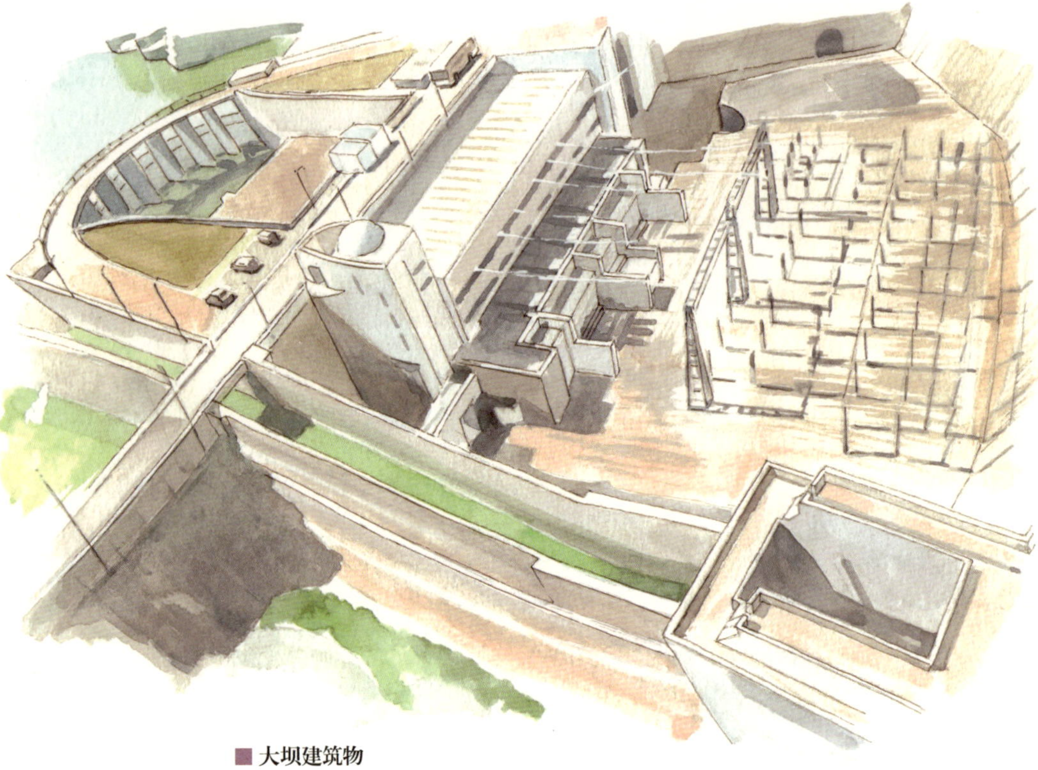

■ 大坝建筑物

发电机

在水电站里，水轮机只完成一半的工作，另一半工作由发电机完成，水轮机和发电机一般同轴，所以也叫水轮发电机组。叶片被水流冲击的水轮机，带动主轴旋转。机组的发电机也在同一主轴上跟着旋转，发电机由定子和转子组成，定子在转子转动过程中因为电磁感应而产生电流。水轮发电机组是水电站的核心设备，水位落差越高，流量流速越大，水轮机的输出功率也就越大。

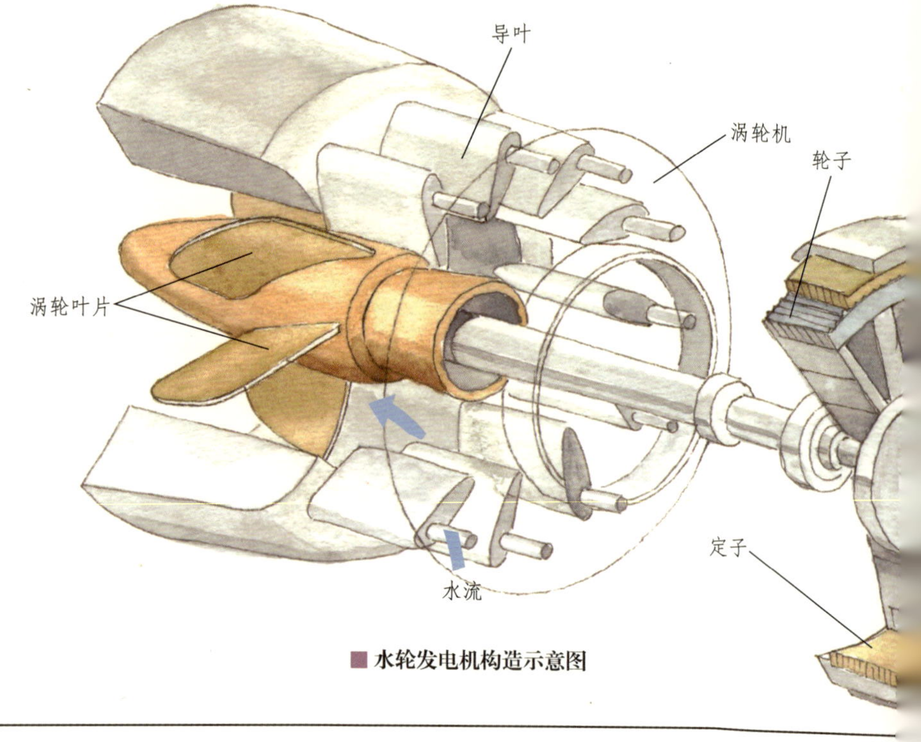

■ 水轮发电机构造示意图

■水轮机安装现场

水轮机

水轮机也叫涡轮机，是大坝水电站发电系统里一个重要的动力设备。上游水库的水经过引水管引向水轮机，推动水轮机叶片旋转。水轮机有冲击式和反击式两大类，其中反击式又可分为轴流式、贯流式、斜流式和混流式。混流式水轮机由美国工程师弗朗西斯（J. B. Francis）于1849年发明，又叫弗朗西斯水轮机。混流式水轮机结构紧凑，适应很宽泛的水头范围，是世界上广泛使用的机型之一。

水力发电

水力发电是利用水位落差，将河流、湖泊、水库在高处具有势能的水，冲泄到低处转换成水轮机的动能，再以水轮机为原动力推动发电机产生电能。水力发电是传统常规能源中属于可再生能源的唯一一种。它对环境的影响较小，而且往往同航运、灌溉、防洪、养殖和旅游组成了一个水资源综合利用体系。水力发电具有发电效率高、生产成本低、工程投资大、建设周期长、对生态环境有一定影响等特点。

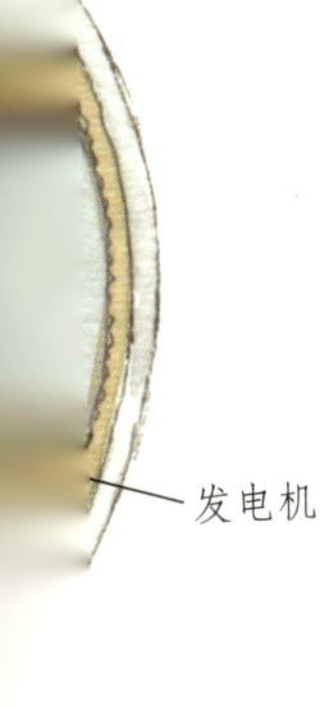

■依靠水力发电的水电站

■小型水电站

小型水电站

世界各国对“小型水电站”没有严格定义和容量范围的界定，但大多数小型水电站的特点都是相同的：本土化（当地施工和建材）、分散化（单机容量不大，不依赖公共电网）、简单化（技术成熟）、标准化（设计和设备配置容易实现）和清洁化（对生态环境的负面影响小），总之，投资少、风险低、规模小、工程易、工期短、收效快、效益稳是开发小水电的优势，也是绝大多数发展中国家开发和应用小水电的理由。

水电站的功能

水电站也叫水电厂，它是一个综合性水利工程设施。除了大坝建筑物以外，水电站还包括发电站厂区建筑物，它由主副厂房、变压器场、高压开关站、交通道路及尾水渠组成。这些建筑物布置在同一局部区域内形成厂区，厂区是发电、变电、配电、送电的中心。所有建筑物的综合体叫水电枢纽。水电枢纽除了具有发电功能外，还可具有防洪、泄洪、蓄水、排沙、灌溉、航运、过鱼等综合功能。

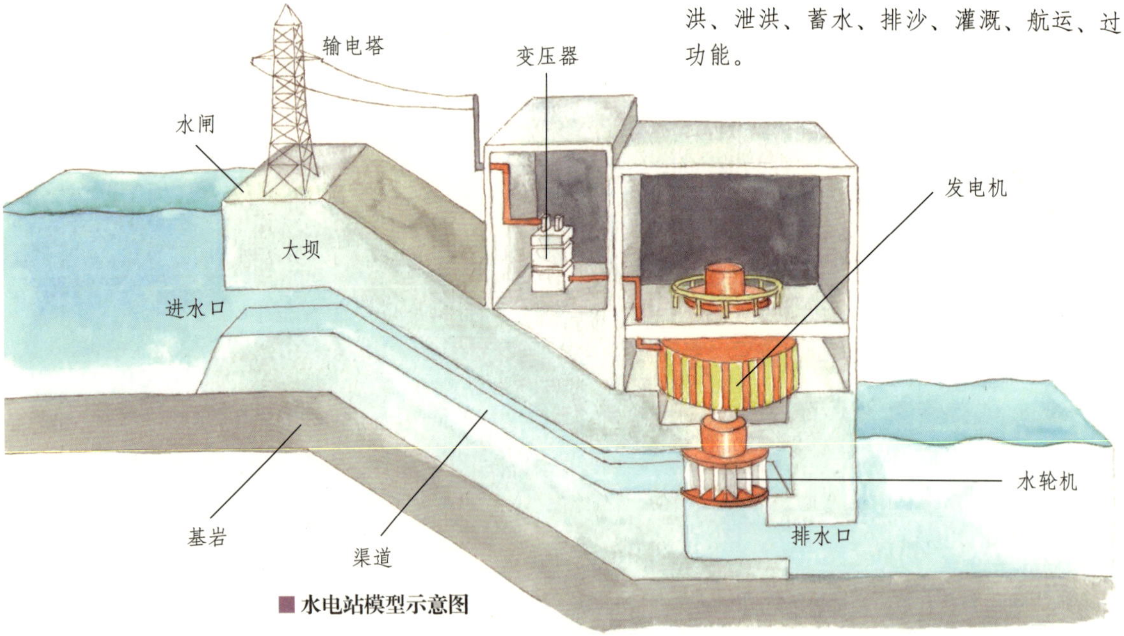

■水电站模型示意图

大型水电站

世界各国对“大型水电站”没有正式的界定。一般来说，装机容量达到25万千瓦以上就可视为大型水电站，有些大型水电站装机容量是现有最大核电站的两倍以上。当今世界上已有4个水电站超过1000万千瓦，分别是中国的三峡水电站、巴西和巴拉圭合建的伊泰普水电站、中国的溪洛渡水电站和委内瑞拉的古里水电站。三峡水电站共装有32台单机容量为70万千瓦的水电机组，另有两台5万千瓦的电源电站，总装机容量为2250万千瓦。

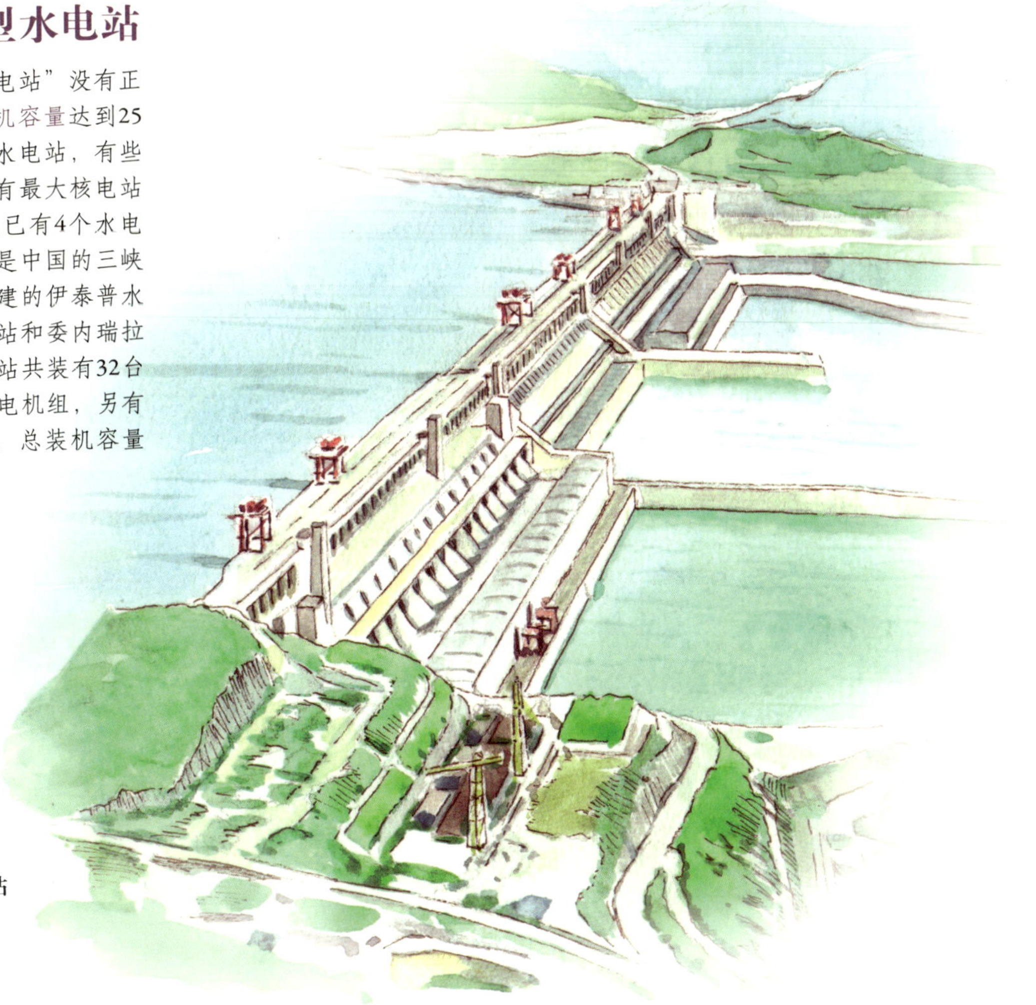

■ 三峡水电站

梯级开发

当计划进行水电开发的河流总长度超过开发所能达到的最大长度时，就必须分段开发。具体做法是在这条河流上一个接一个地建造水电站，形成一个自上而下的、呈阶梯状形式分布的水电枢纽群。这种开发方式就叫河流的梯级开发，开发的一系列水电站就叫梯级水电站。中国四川省西部金沙江最大支流上的雅砻江水电基地的规划和建设，就是一个分三个阶段总计21个电站的大型梯级开发项目。

■ 流域水电站梯级开发示意图

危机和应对

告别了漫长的薪柴时代，人类的能源消费进入了煤炭时代，19世纪50到70年代开始又进入到由煤炭时代向油气时代转型的时期，煤炭、石油、天然气和水等传统能源被广泛开发和利用。

近百年来，以化石燃料为主的传统能源给人类带来巨大利用价值的同时，也给人类带来了各种灾害和危机：煤矿开采可能导致的安全事故、建设大坝可能引发的垮塌、海上石油开发可能出现的泄漏，以及局部冲突可能造成的全球能源供应短缺等。

人类不得不思考未来所面临的挑战：煤炭、石油和天然气还能开采多久？使用化石燃料导致的环境问题究竟应该怎样解决？现有能源方式以外还有没有可以重复使用的能源？人类怎样开发和利用未来的新能源？

石油危机

世界各国因为石油价格变化而产生的经济危机，就叫石油危机，这种危机对全球经济会造成严重冲击。迄今已发生过三次石油危机：1973年爆发了第4次中东战争，石油输出国组织（OPEC）阿拉伯成员国宣布收回石油标价权，导致油价上涨了2倍多；1978年底伊朗政局变化，两伊战争爆发，全球石油产量骤降致使1979年油价暴涨；1990年伊拉克攻占科威特后遭国际经济制裁，原油供应中断，国际油价再度飙升。

■ 1973年石油危机导致加油站停业

■ 石油泄漏事故

海上原油泄漏

当远洋油轮、近海或跨海油气集输管道、海上油气钻井平台等装置设备因为失火、爆炸、井喷、油井溢流、触礁沉船、风暴袭击以及战争等情况发生，导致出现原油大面积流入海洋的现象就叫海上原油泄漏。这种事故除了引发财产受损、人员伤亡以外，还会给事故周边的海洋水域及生态环境带来无法估量的破坏，造成严重的经济损失。

■人类不停地开采能源

资源枯竭

根据2018年发布的《BP世界能源统计年鉴》的数据，到2017年底人类已探明的全球煤炭储量为1035万亿吨，年消耗量为5.6万亿吨，简单地推算起来还能用185年；天然气的前景也不容乐观，储量193.5万亿米^3，年消耗量为3.67万亿米^3，还能用53年；石油的情况更加危急，储量16970亿桶，年消耗358亿桶，还能用47年。尽管仍有未探明储量，或者统计存在弹性，但人类对化石能源趋近枯竭的担心并不是危言耸听。

■人类不停地消耗着能源

大气污染

大气污染是一种现象，它指的是由于人类活动或自然过程引起某些物质进入大气中，呈现出足够的浓度，达到足够的时间，并因此危害了人体的舒适、健康和环境等。导致大气污染的因素很多，既有诸如森林火灾、火山爆发等自然因素，也有生活燃煤、汽车尾气和工业废气等人为因素。这些天然或人为的污染源进入大气，参与循环，经过一定时间的滞留，会在相对集聚，造成大气中某种物质的浓度升高。当浓度升高到一定程度时，就会直接或间接地对人、生物或材料等造成急性或慢性的危害。

■ 大气污染造成的雾霾

温室效应

温室效应是地球大气层上的一种物理特性，引起温室效应的叫温室气体，如二氧化碳、水蒸气、甲烷等。温室气体使得红外线辐射被大气层吸收的部分多过它释放到太空外的部分，从而导致地球表面温度上升。人类活动释放出大量的温室气体，特别是燃烧化石燃料排放大量的二氧化碳，使得更多红外线辐射被折返到地面上，加剧了温室效应。温室效应对地球的负面影响包括导致全球气候变暖、海平面上升、土地沙漠化加剧和病虫害增加等。

■ 全球变暖导致北极冰川融化

酸雨

外表上看，酸雨和其他普通形式的降水没有什么不同，它的“酸”不是味道上的酸，而是指氢离子浓度指数（pH值）低于5.6的降水。化石燃料的燃烧特别是工用与民用煤炭燃烧排放出来的二氧化硫、汽车的排放的尾气等与大气中水分子反应，形成硫酸雨滴和硝酸雨滴，下降过程中再不断合并、吸附、冲刷其他含酸气体和含酸雨滴，最后降落到地面，就是酸雨。酸雨不仅破坏土壤成分，而且伤害动植物，使建筑物受到侵蚀。

■酸雨侵蚀的建筑表面

■酸雨侵蚀森林

一次能源

传统能源大家庭里的成员原煤、原油、天然气和水力都是一次能源，它们在大自然中生成并以原始状态存在，未曾经过加工或者转换。一次能源还包括太阳辐射、风力、海浪、潮汐、地热、生物燃料和天然铀矿等。一次能源可以再进一步划分为“可再生能源”和“不可再生能源”，水是可再生能源，煤炭、石油和天然气都是不可再生能源。不可再生能源是有限的，它们大多经过亿万年才形成，用多少就少多少，不可逆转。

■煤是不可再生能源

二次能源

二次能源是一次能源经过加工转换成另一种形态的能源。热水、蒸汽、沼气、焦炭、煤气、汽油、煤油、柴油、重油、氢气、酒精、液化石油气和电力都是二次能源。火电厂燃烧煤炭先变成蒸汽热能，蒸汽再推动汽轮机变成机械能，汽轮机又带动发电机变成电能，前后三次转换中，热能、机械能、电能都是二次能源。二次能源给人类提供能量的同时，也带来资源枯竭、大气污染、酸雨和温室效应等环境保护上的挑战。

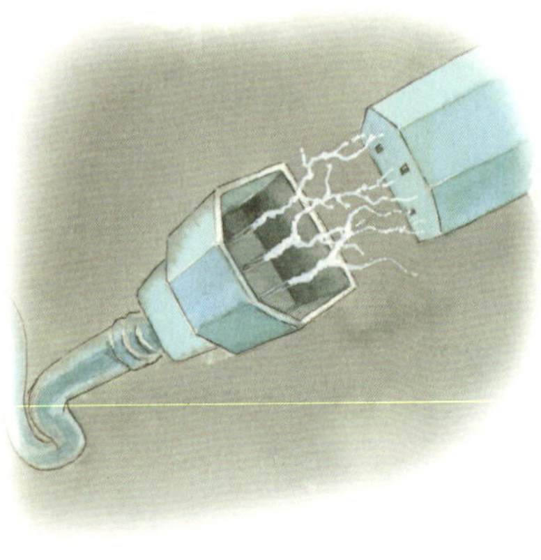

■电能是用途最广泛的二次能源

■用于水力发电的水能是可再生能源

可再生能源

在传统的常规能源家族里，水能是一种可以再生使用的能量资源。后来科学家们进一步发现，除了水能外，地球上还有一些能源也可以循环再生，反复使用，这些能源包括太阳能、风能、生物质能、地热能、潮汐能、波浪能、海流能、温差能、盐差能等，它们被称为新能源，科学家将水能和新能源定义为可再生能源。用可再生能源取代资源有限、对环境有污染的化石能源，是新一代能源消费转型的大趋势。

■ 风能既是清洁能源，也是可再生能源

■ 绿色能源

清洁能源

不排放污染物且能够直接用于生产和生活的能源叫清洁能源，也叫绿色能源。所有的可再生能源和核能都属于清洁能源。比如一次能源的水能、二次能源的电能都是清洁能源。清洁能源既包括消耗后可以得到恢复补充的可再生能源，也包括使用低污染化石能源（如天然气等）和通过使用清洁能源技术处理过的化石能源（如洁净煤、洁净油等）。

■南极泰山科考站

循环利用

中国第35次南极科研考察队实现了能源就地取材、综合循环利用的首次尝试。考察队在南极泰山站建立了完整的风光燃储互补智能微电网发电系统，这一套系统针对南极泰山站所具有的极寒、大风、高海拔、低气压等特殊环境，采用了定制化风机、光伏和储能电池技术，通过终端对整套系统进行智能控制，并与泰山站柴油发电机并网共用。科考队已于2019年3月完成任务回国，而来自南极的风能和太阳能仍然在为科考设备提供电力支持。

超低排放

传统意义上来说，火力发电厂是烟尘、二氧化硫（SO_2）和氮氧化物（NO_x）等大气污染物的主要排放源之一，中国的火力发电燃煤锅炉均采用多种污染物高效协同脱除集成系统技术，使其大气污染物排放浓度达到天然气燃气机组排放限值，即实现超低排放。中国要求燃煤电厂在2020年前全面实施超低排放和节能改造。

■超低排放的发电厂

■ 骑共享单车的市民

全民节能

化解危机，应对挑战，不但需要加大对可再生能源的使用力度，也需要提倡节约能源。中国从1998年1月1日开始施行《中华人民共和国节约能源法》，并于2008年、2018年进行了两次修订。各行各业要广泛推广节能技术，鼓励引进和使用节能产品，节能应该成为每位公民的责任和义务。要从小培养儿童节约能源的意识，鼓励全民步行、骑行或者使用公共交通工具替代私家车辆，是减少能源消耗、提高利用效率、促进环境保护最简单方法之一。

■ 提倡节约能源理念的儿童手绘图

名词解释

C

采剥比， P04

开采每单位有用矿物所剥离的废石量，这是决定矿石能否进行露天开采的一个重要技术经济指标。

储油罐， P18

也称油罐，是一种用于储存油品的且具有较规则形体的大型容器，按建造材料的不同可以分为金属油罐和非金属油罐。

D

地表水， P36

陆地表面上动态和静态水的总称，包括河流、湖泊、沼泽、冰川、冰盖等各种液态的和固态的水体。

电磁感应， P42

一种只要穿过闭合电路的磁通量发生变化，闭合电路中就会产生感应电流的现象，由英国物理学家迈克尔·法拉第发现，揭示了磁与电之间的相互联系和转化关系。

E

二氧化碳， P02，P24，P26，P48

一种无色无味、不可燃的气体，由两个氧原子与一个碳原子通过共价键构成，化学式为CO_2，是空气组分之一。

F

沸点， P34

液体沸腾时的温度，也就是液体的饱和蒸气压与外界压强相等时的温度。

费托合成， P13

一种以合成气（一氧化碳和氢气的混合气体）为原料在催化剂和适当条件下合成以液态的烃或碳氢化合物的工艺过程，由德国化学家弗朗兹·费歇尔和汉斯·托罗普施于1925年开发。

分布式能源， P32

直接面向用户，按用户需求就地生产并供应能量，具有多种功能，可满足多重目标的中、小型能量转换利用系统。

浮游生物， P24

一类生活在海洋、湖泊及河川等水域里但自身完全没有移动能力的漂流生物，包括浮游植物及浮游动物。

G

锅炉， P08，P10，P12，P14

一种能量转换设备，由锅和炉组成，上面的盛水部件为锅，下面的加热部分为炉。向锅炉输入的能量有燃料中的化学能、电能，锅炉输出具有一定热能的蒸汽、高温水或有机热载体。

H

海水淡化， P22

一种利用海水脱盐生产淡水，以实现水资源利用的开源增量技术。

合成材料， P31

一种由两种或两种以上的物质复合而成并具有某种综合性能的材料，分为结构复合材料和功能复合材料两类。

J

井喷， P46

一种地层中流体（油、气、水）无控制连续不断地涌入井筒，喷出地面或侵入其他低压层位的现象。

径流， P35，P41

落到陆地上的降雨或者冰雪融化的积水，在重力作用下，沿地表或在地下流动并汇入河槽的水流。

L

冷凝， P20

一种使热物体的温度降低而发生相应变化，物质从气态变成液态的过程，如水蒸气遇冷变成水。

炼油厂， P19

一种将开采出的原油经过蒸馏、催化、裂化、裂解、加氢精制等加工，生产出柴油、汽油、煤油、润滑油、石油焦、沥青、乙烯等产品的工厂。

N

能量密度， P22，P29

单位体积内的包含的能量，单位是焦耳/米^3。

尿素，P11，P31

一种由碳、氮、氧、氢组成的有机化合物，是目前使用量较大也是含氮量最高的氮肥。

R

燃气轮机，P28，P32

一种以连续流动的气体为工质带动叶轮高速旋转，将燃料的能量转变为有用功的内燃式动力机械。

溶剂，P15，P22

一种可以溶化固体、液体或气体溶质的液体，继而成为溶液。

润滑油，P21

一种用在各种类型汽车、机械设备及加工件的液体或半固体膏剂，主要作用是减少摩擦、保持机械润滑、辅助冷却、防锈、清洁、密封和缓冲等。

S

石炭纪，P02

一个植物世界大繁盛的代表时期，开始于距今3.5亿年，延续了约6500万年。由于这一时期形成的地层中含有丰富的煤炭，因而得名。

W

无缝钢管，P27

一种由整块金属制成，表面没有接缝的钢管，一般由普通或优质碳素结构钢、低合金钢、合金结构钢热轧或冷轧而制成。

无烟煤，P03，P12

一种坚硬、致密、高光泽的煤矿品种，无烟煤碳含量最高，杂质含量最少。

X

行走机构，P08

又称“行路机构”，是汽车或拖拉机底盘的一部分，一般包括车架、前桥、后桥、悬挂系统和车轮等结构。

Y

压力前池，P42

连接无压引水道与压力管道，为水轮机调节水量和水位、平稳水流的水池。它设于水电站无压引水道与压力管道连接处。

液化石油气，P27，P29，P50

在炼油厂内，由天然气或者石油进行加压降温液化所得到的一种无色挥发性液体。

油砂，P24

一种沥青、沙、富矿黏土和水的混合物，其中，沥青含量为10%～12%，沙和黏土等矿物占80%～85%，余下为3%～5%的水。

有机肥料，P11

一种含有碳元素化合物（有机物质）的肥料，也叫农家肥料，人畜粪尿、厩肥、堆肥、绿肥、饼肥、沼气肥等都是有机肥料。

蕴藏量，P38

埋藏在地球内的某种资源已探明储量和预测储量之和，是地球上某一种、某一类或各种资源量的总和。

Z

凿岩机，P05

一种用来直接开采石料的工具，分为风动式、电动式、液压式、内燃式，具有劈裂、破碎、捣实、铲凿等功能，广泛用于地质勘探、矿山开采、建筑施工、筑路和采石等。

蒸馏，P15，P20

一种热力学的分离工艺，先利用混合液体或液－固体系中各组分沸点不同，使低沸点组分蒸发，再冷凝以分离整个组分的单元操作过程，是蒸发和冷凝两种单元操作的联合。

装机容量，P12，P33，P45

一座火电厂或者一座水电站所装有的全部汽轮或水力发电机组额定功率的总和，单位是千瓦，它表征的是该火电厂或水电站建设规模和电力生产能力。

内容索引

煤炭
煤的形成，P02
煤的分层，P03
煤的种类，P03
煤矿，P04
露天开采，P04
采煤工具，P05
地下开采，P05
选煤，P06
管道输煤，P06
铁路运煤，P07
货船运煤，P07
蒸汽机车的燃料，P08
民用煤炉，P08
工业燃煤，P09
燃煤锅炉，P10
冶炼焦炭，P10
煤焦油，P11
化肥的原料，P11
动力煤，P12
火力发电，P12
煤制油，P13
绿色引擎，P13

石油
石油的形成，P14
猛火油柜，P15
石油的开采，P15
煤油，P15
石油钻井，P16
抽油机，P16
油田，P17
海上钻井平台，P17
原油的储存，P18
管道输油，P19
油轮运油，P19
蒸馏工艺，P20
原油的炼制，P20
油罐车，P21
加油站，P21
汽油和柴油，P22
重油，P22
沙特阿拉伯燃油电站，P22
燃油发电，P23

天然气
天然气的形成，P24
化石燃料，P24
燃气照明，P25
气井和油气田，P25
天然气的净化，P26
管道输气，P27
船舶运气，P27
天然气的存储，P28
燃气发电，P28
汽车燃料，P29
民用燃料，P29
石化产业，P30
化工原料，P31
合成材料，P31
燃气－蒸汽联合循环发电，P32
冷热电三联供系统，P32
助力粤港澳，P33

水能
水的形态，P34
地势和地貌，P34
水的循环，P35
积雪和冰川，P35
水的流动，P36
水轮机的发明，P36
落差和瀑布，P37
水车，P37
水能资源，P38
水库和蓄能，P38
截流和水坝，P39
生存之本，P40
灌溉之源，P40
航运之道，P41
防患之举，P41
大坝建筑物，P42
发电机，P42
水轮机，P43
水力发电，P43
小型水电站，P44
水电站的功能，P44
大型水电站，P45
梯级开发，P45

能源危机
石油危机，P46
海上原油泄漏，P46
资源枯竭，P47
大气污染，P48
温室效应，P48
酸雨，P49
一次能源，P50
二次能源，P50
可再生能源，P51
清洁能源，P51
循环利用，P52
超低排放，P52
全民节能，P53

名词解释